9
1972

Faserforschung und Textiltechnik

WISSENSCHAFTLICH-TECHNISCHE ZEITSCHRIFT FÜR DIE CHEMIEFASER- UND TEXTILINDUSTRIE

BEGRUNDET VON
ERICH CORRENS UND WALTER FRENZEL

HERAUSGEGEBEN VON ERICH CORRENS
WOLFGANG BOBETH – HANS BÖHRINGER – HERMANN KLARE
BURKART PHILIPP – CHRISTIAN RUSCHER

SCHRIFTLEITER J. BRÄMER UND I. RUSCHER

AUS DEM INHALT

AKADEMIE-VERLAG BERLIN

Faserforsch. u. Textiltechnik • 23. Jahrg. • Heft 9 • Seiten 359–414 • Berlin im September 1972
FSTXA7 23 (9) 359–414 (1972) Preis: 15,– M • Sonderpreis DDR: 9,– M

DK 678.675'126:539.22:539.26:548.735.44

Hirte, Rolf, und *Teichgräber, Michael*

Die übermolekulare Struktur hochpolymerer Verbindungen Teil IX. Ein erweitertes Fourierverfahren zur quantitativen Analyse der röntgenographischen Streukurven von Polycaproamid als polymeres Mehrphasensystem. Eine erste Anwendung des Verfahrens

Faserforsch. u. Textiltechnik **23** (1972) 9, S. 359—365. 7 Abb., 3 Tab., 10 Lit.

Eine im vorangegangenen Teil VIII beschriebene Theorie zur Auswertung der Röntgenstreukurven von polymeren Mehrphasensystemen wird auf mehrere Polycaproamidproben angewendet, wobei für die experimentelle Anwendung der Theorie die erforderlichen Hinweise gegeben werden.

DK 677.494.675'126:677.021.125.3:677.818:677.014.872:677.014.845

Polo-Friz, Luigi, Rosi, Vincenzo, und *Merani, Gianfranco*

Zusammenhänge zwischen Feinstruktur und Eigenschaften von Polyamid 6

II. Röntgenmessungen an gereckten Fäden nach Behandlung mit Wasser oder mit wäßriger Phenollösung

Faserforsch. u. Textiltechnik **23** (1972) 9, S. 379—384. 14 Abb., 2 Tab., 1 Lit.

Die Struktur von unterschiedlich gereckten Fäden aus Polyamid 6 verändert sich nach Behandlung mit Wasser von 90 °C sehr stark. Strukturveränderungen scheinen zumindest teilweise von der Struktur des Ausgangsmaterials abzuhängen, d. h. von der Koexistenz der pseudohexagonalen γ-Form und der monoklinen α-Form, und werden auf kompliziertere Weise beeinflußt als bei Stoffen, in denen nur eine einzige kristalline Form Form vorliegt.
Bei Behandlung 3,4fach gereckter Fäden mit Wasser oder mit wäßriger Phenollösung bei 100 °C ändert sich die Intensität der Meridianreflexe des Röntgenstreudiagramms bei $2\Theta = 11°$. Diese Veränderungen gestatten Rückschlüsse auf den Mechanismus und die Kinetik der strukturellen Umwandlungen.

DK 678.675'126:678.674'524'420:678—19:66.062.412.42—13: 66.062.551:532.133

Dietrich, Klaus, und *Reinisch, Gerhard*

Lösungsviskosimetrische Untersuchungen von Gemischen von Polycaprolactam und Polyäthylenterephthalat in Phenol/Tetrachloräthan (1:1) als Lösungsmittel

Faserforsch. u. Textiltechnik **23** (1972) 9, S. 366—371. 12 Abb. 3 (7) Tab., 19 Lit.

An Polycaprolactam- und Polyäthylenterephthalatproben etwa gleicher und an entsprechenden Proben stark unterschiedlicher rel. Molekülmassen wurden lösungsviskosimetrische Untersuchungen im gemeinsamen Lösungsmittel Phenol/Tetrachloräthan (1:1) durchgeführt. Die Intrinsic-Viskositäten sind additiv. Bei größeren Unterschieden der rel. Molekülmasse zwischen Polyamid und Polyester scheinen konzentrationsabhängige Wechselwirkungen zwischen beiden Polymeren einzutreten. Die rel. Molekülmasse des Polyamidanteils in Polyamid/Polyester-Mischungen läßt sich ohne physikalische Polymerentrennung durch Lösungsviskosimetrie bestimmen.

DK 677.06:677.017.57:537.221:677.862.517.1

Löbel, Wilfried

Zur Einschätzung der Aufladbarkeit von Textilien bei der Verarbeitung

Faserforsch. u. Textiltechnik **23** (1972) 9, S. 385—390. 2 Abb., 2 Tab., 10 Lit.

Der Einschätzung des elektrostatischen Verhaltens von Textilien bei der Verarbeitung wird eine Beziehung zugrunde gelegt, wonach die Aufladung im wesentlichen vom Produkt des spezifischen elektrischen Widerstandes und der Verarbeitungsgeschwindigkeit abhängt. Aus dieser Beziehung werden Formeln für den geschwindigkeitsabhängigen Grenzwert des spezifischen elektrischen Widerstandes hergeleitet, bei dessen Unterschreitung störende elektrostatische Aufladungen mit Sicherheit nicht auftreten. Die Angaben betreffen die Verarbeitung von Flächengebilden, Vliesen, Bändern, Fadenscharen und Einzelfäden.

DK 547.494.3:543.257.1:547.494.254:661.728.8:677.021.123

Dautzenberg, Horst, Philipp, Burkart, und *Schumann, Jürgen*

Zur potentiometrischen Titration von Trithiocarbonat in Gegenwart anderer sulfidischer Anionen

Faserforsch. u. Textiltechnik **23** (1972) 9, S. 372—378. 5 Abb., 6 Tab., 26 Lit.

Ausgehend von den möglichen Komplikationen bei der mercurimetrischen Fällungstitration des Trithiocarbonats in Gegenwart anderer sulfidischer Anionen wird über systematische Untersuchungen zur potentiometrischen Fällungstitration reiner Na_2CS_3-Lösungen wie auch von Lösungen berichtet, die außer Trithiocarbonat noch Sulfid, Dithiocarbonat, Perthiocarbonat und Xanthogenate enthalten, wobei vor allem der Einfluß einer Anoxydation der Lösungen berücksichtigt wird. Aus den erhaltenen Ergebnissen werden praktische Schlußfolgerungen für die Viskoseanalytik gezogen.

DK 389.6:677.017.42:168.1

Winkler, Friedrich

Standardisierte Begriffe der Textilprüfung und verwandter Gebiete

1. Statische Zugprüfung. Grundblatt

Faserforsch. u. Textiltechnik **23** (1972) 9, S. 391—406. 4 Lit.

Die Zeitschrift „Faserforschung und Textiltechnik" erscheint monatlich in Heften zu 48 Textseiten im Format A 4. Der Preis für das Einzelheft beträgt M 15,— (Sonderpreis für DDR M 9,—), für den Vierteljahresbezug M 45,— (Sonderpreis für DDR M 27,—), zuzügl. Bestellgeld. Die Berechnung erfolgt zu Beginn eines Vierteljahrs für 3 Hefte. Bestellungen aus dem Gebiet der Deutschen Demokratischen Republik an ein Postamt, eine Buchhandlung oder den Verlag, aus der Deutschen Bundesrepublik an eine Buchhandlung oder die Auslieferungsstelle Kunst und Wissen, Erich Bieber, 7 Stuttgart 1, Wilhelmstraße 4—6, aus dem Ausland an eine Importbuchhandlung, den Deutschen Buch-Export und -Import GmbH., 701 Leipzig, Postschließfach 276, oder den Akademie-Verlag GmbH., 108 Berlin, Leipziger Str. 3—4 (Fernruf: 220441; Telex-Nr. 0112020; Postscheckkonto 35021) erbeten. Bestellnummer dieses Heftes: 1014/23/9. Alleinige Anzeigenannahme DEWAG-WERBUNG, 1054 Berlin, Wilhelm-Pieck-Str. 49, und alle DEWAG-Betriebe in den Bezirksstädten der DDR. — Bestellungen in der UdSSR nehmen entgegen: Städtische Abteilungen von „SOJUZPECHATJ" bzw. Postämter und Postkontore.

Herausgeber und verantwortlich für den Inhalt: Prof. Dr. Erich Correns, Institut für Polymerenchemie der Deutschen Akademie der Wissenschaften zu Berlin, 153 Teltow-Seehof, Fernruf: Teltow 4831; Prof. Dr.-Ing. habil. Wolfgang Bobeth, Institut für Technologie der Fasern der Deutschen Akademie der Wissenschaften zu Berlin, 801 Dresden, Hohe Str. 6, Fernruf: 44721; Prof. Dr.-Ing. Hans Böhringer, Rudolstadt; Prof. Dr. Hermann Klare, Prof. Dr. habil. Burkart Philipp und Dr. habil. Christian Ruscher, Institut für Polymerenchemie der Deutschen Akademie der Wissenschaften zu Berlin, 153 Teltow-Seehof, Fernruf: Teltow 4831. Schriftleiter: Joachim Brämer und Dipl.-Chem. Ingeborg Ruscher, 153 Teltow-Seehof, Kanstr. 55. Verlag: Akademie-Verlag GmbH., 108 Berlin, Leipziger Str. 3—4. Satz und Druck: Druckhaus „Maxim Gorki", 74 Altenburg. — Veröffentlicht unter der Lizenznummer 1280 des Presseamtes beim Vorsitzenden des Ministerrates der Deutschen Demokratischen Republik.

Faserforschung und Textiltechnik

WISSENSCHAFTLICH-TECHNISCHE ZEITSCHRIFT FÜR DIE CHEMIEFASER- UND TEXTILINDUSTRIE

Band 23 September 1972 Heft 9

Die übermolekulare Struktur hochpolymerer Verbindungen.

Teil IX. Ein erweitertes Fourierverfahren zur quantitativen Analyse der röntgenographischen Streukurven von Polycaproamid als polymeres Mehrphasensystem. Eine erste Anwendung des Verfahrens¹)

Rolf Hirte und Michael Teichgräber

Deutsche Akademie der Wissenschaften zu Berlin, Institut für Polymerenchemie in Teltow-Seehof, Abt. Physik

DK 678.675'126:539.22:539.26:548.735.44

Eine im vorangegangenen Teil VIII beschriebene Theorie zur Auswertung der Röntgenstreukurven von polymeren Mehrphasensystemen wird auf mehrere Polycaproamidproben angewendet, wobei für die experimentelle Anwendung der Theorie die erforderlichen Hinweise gegeben werden.

Надмолекулярная структура высокополимеров
Часть IX. Расширенный метод фурье для количественного анализа кривых диффракции рентгеновских лучей поликапроамидом как полимерной многофазной системой. Первые данные по применению метода

Описанная в части VIII теория обработки кривых диффракции рентгеновских лучей полимерными многофазными системами применялась для изучения нескольких образцов поликапроамида. Приводятся необходимые указания для экспериментального применения этой теории.

The Supramolecular Structure of Polymers. Part IX. Extended Fourier Method for the Quantitative Analysis o Scattering Patterns of Polycaproamide as a Multiphase Polymer System. First Application of the Method

A theory allowing the evaluation of X-ray scattering patterns obtained with multiphase polymer systems, described in part VIII, has been applied to polycaproamide samples. The particularities of this application are discussed.

1. *Einführung*

In dem vorangegangenen Teil VIII der Arbeit wurden die Grundzüge einer Theorie zur quantitativen Auswertung der röntgenographischen Streukurven von polymeren Mehrphasensystemen dargestellt, jedoch wurde auf Belange der praktischen Anwendung nicht näher eingegangen. Mit diesen Fragen beschäftigt sich die vorliegende Arbeit.

Die folgenden Untersuchungen tragen Modellcharakter und beziehen sich auf fünf Proben, die je nach ihrer Eignung aus einer größeren Anzahl von Polycaproamid-(PA 6)-Proben sehr unterschiedlicher Herstellung ausgewählt wurden. Anhand der Untersuchung dieser Proben soll der Gang der Auswertung demonstriert werden.

2. *Aufnahmetechnik und Registrierung*

Sämtliche Streukurven wurden unter einheitlichen Registrierbedingungen mit der gleichen Apparatur aufgenommen.

Röntgenanlage: Als Röntgengenerator diente eine vollstabilisierte Anlage vom Typ TuR M 61 des VEB Transformatoren- und Röntgenwerk Dresden. Die verwendete Röhrenspannung betrug 40 kV, der Röhrenstrom 19 mA, die Wellenlänge entsprechend CuKα-Strahlung 1,54 Å.

Monochromatisierung: Die Monochromatisierung der Röntgenstrahlung erfolgte nach dem *Ross*'schen Filter-Differenzverfahren. Die Filter wurden aus Polyäthylenpulver und Kobalt- bzw. Nickelpulver nach einem von *Ruland* [3] angegebenen Verfahren hergestellt. Abgeglichen wurden die Filter bei der Wellenlänge der CuKβ-Linie.

Registrierung: Die Intensitätsmessung erfolgte auf einem Horizontalzählrohrgoniometer HZG 1 des VEB Freiberger Präzisionsmechanik unter Verwendung eines Proportionalzählrohrs. Die Impulszählung wurde mit fester Zeitvorwahl von 3 min pro Winkelwert durchgeführt. Die maximale Impulsrate lag bei etwa 20000 Impulsen pro min. Die Winkelwerte wurden schrittweise um 0,025° (ϑ) bei Verwendung des Ni-Filters und um 0,1° (ϑ) bei der des Co-Filters vergrößert. Die Differenzbildung zwischen den mit Ni- und Co-Filter aufgenommenen Streukurven wurde auf graphischem Wege ausgeführt, wobei gleichzeitig ein Ausgleich der experimentell bedingten Streuung der Meßpunkte vorgenommen wurde.

Winkelintervall: Die Registrierung erfolgte im Winkelintervall zwischen $\vartheta_1 = 6°$ und $\vartheta_2 = 15°$. Auf diese Weise werden bei PA 6 die Hauptreflexe der niedrigsten Ordnung erfaßt. Andererseits vermeidet man Störungen durch den Meridianreflex der γ-Modifikation, dessen Maximum bei etwa $\vartheta = 5{,}2°$ liegt. Für $\vartheta_1 = 6°$ liefern die kristallinen Modifikationen von PA 6 praktisch keinen Beitrag zur Streuung, wie entsprechende Voruntersuchungen zeigten. Die in Teil VIII gewählte Darstellung der dimensionslosen Winkelvariablen x wurde durch die folgende einfachere Darstellung ersetzt:

$$x = \frac{\vartheta - \vartheta_1}{\vartheta_2 - \vartheta_1}. \tag{1}$$

Der Unterschied zwischen beiden Darstellungen ist bei den hier interessierenden ϑ-Werten gering und damit sicher ohne maßgeblichen Einfluß auf den Gang der Auswertung.

Korrekturen: Auf die üblichen Korrekturen der Streukurven bezüglich des *Lorentz*- und des Absorptionsfaktors sowie der inkohärenten Strahlung kann verzichtet werden, da derartige Korrekturen ohne Einfluß auf die Ergebnisse der Auswertung sind — vgl. hierzu die entsprechenden Überlegungen für das Zweiphasensystem [4].

Nur die Luftstreuung bei kleinen Winkelwerten $\vartheta \approx \vartheta_1$ ist nicht ohne weiteres zu vernachlässigen. Sie konnte auf experimentellem Wege, durch die Verwendung eines speziellen Eintrittsspalts am Zählrohrarm, hinreichend klein gehalten werden.

¹) Teil VIII siehe [1].
Überarbeiteter Auszug der Dissertation *R. Hirte* [2].

3. *Auswertung*

3.1. *Auswahl der Modellsubstanzen*

Für die Anwendung der Theorie werden grundsätzlich zwei Standardstreukurven $I_{\text{Hex}}(x)$ und $I_{\text{Mon}}(x)$ benötigt. Hierfür eignen sich die Streukurven von zwei hochkristallinen Substanzen, die einerseits nur die hexagonale γ-, andererseits nur die monokline α-Modifikation neben einer stets vorhandenen amorphen Strukturkomponente enthalten.

Zur Erzeugung der Standardkurve $I_{\text{Hex}}(x)$ wurde ein kommerzielles PA-6-Seidengranulat im Vakuum bei 260 °C ca. 15 min lang aufgeschmolzen, in flüssigem Stickstoff abgeschreckt und anschließend 30 min lang bei 120 °C getempert. Die Streukurve der so präparierten Probe (PA 101) zeichnet sich durch eine sehr gute Linienschärfe des hexagonalen Peaks sowie durch einen relativ sehr kleinen Streuanteil der monoklinen α-Phase aus — vgl. Bild 1.

Zur Erzeugung der Streukurve $I_{\text{Mon}}(x)$ wurde eine bei 50 °C gesättigte Lösung von PA 6 in Ameisensäure hergestellt. Der durch Kristallisation bei der Abkühlung auf Zimmertemperatur gebildete spröde weiße Niederschlag aus PA 6 wurde zermörsert und in die Aufnahmeform für den Präparathalter des Zählrohrgoniometers gepreßt, wodurch ohne zusätzliches Bindemittel ein mechanisch genügend stabiles Präparat (PA 102) erhalten wurde. Die zugehörige Streukurve zeichnet sich wiederum durch hohe Linienschärfe aus sowie durch das völlige Fehlen einer hexagonalen Streukomponente — vgl. ebenfalls Bild 1.

Als Substanzen für die Analyse wurden zwei ausgesuchte Granulate mit und ohne Mattierung gewählt. Das mattierte Granulat wurde 15 min lang bei 260 °C aufgeschmolzen und anschließend langsam mit etwa

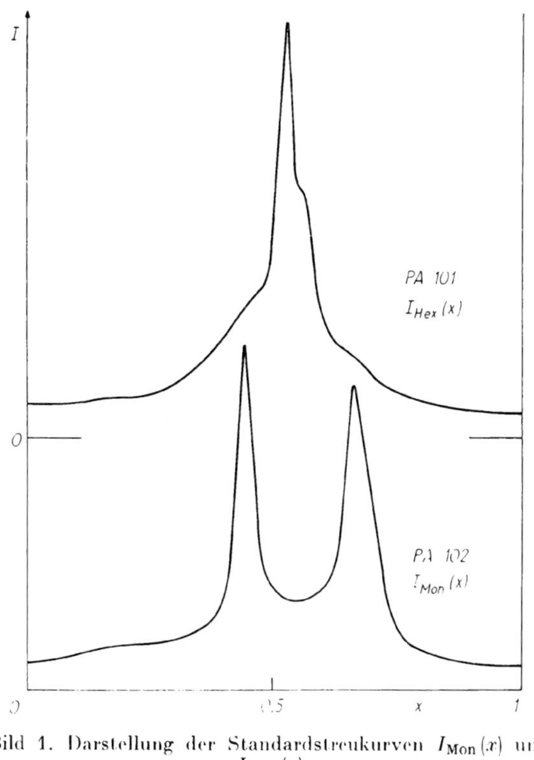

Bild 1. Darstellung der Standardstreukurven $I_{\text{Mon}}(x)$ und $I_{\text{Hex}}(x)$

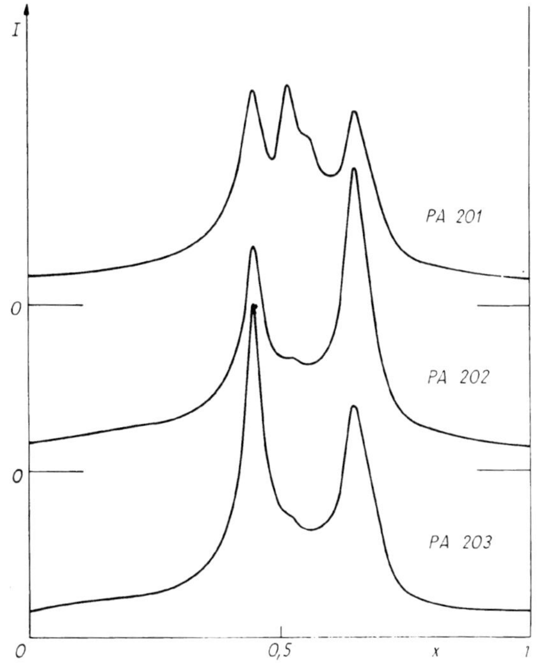

Bild 2. Streukurven der untersuchten Proben

5 grd/min auf Zimmertemperatur abgekühlt. Das so behandelte Material (PA 201) enthält in vergleichbaren Anteilen sowohl die hexagonale als auch die monokline Modifikation. Das zweite, nicht mattierte Granulat wurde bei 230 °C bzw. bei 245 °C jeweils 5 min lang aufgeschmolzen und danach ebenfalls langsam mit etwa 5 grd/min abgekühlt. Auf diese Weise erhielten wir zwei weitere monokline Proben (PA 202 und PA 203), die sich vorwiegend im Intensitätsverhältnis l der beiden monoklinen Reflexe unterscheiden. Für Probe 202 gilt:

$$l = \frac{I\,(200)}{I\,(002)/(202)} = 0{,}76,$$

und für Probe 203 ist der entsprechende Wert:

$$l = 1{,}31.$$

In Bild 2 sind die Streukurven der beschriebenen drei Proben wiedergegeben.

3.2. *Aufbereitung der Bezugskurven*

Während als Bezugskurve $I_1(x)$ — siehe Gleichung (8/VIII) — ohne weitere Änderungen die hexagonale Standardkurve $I_{\text{Hex}}(x)$ dienen kann, müssen die monoklinen Bezugskurven $I_2(x)$ und $I_3(x)$ durch Zerlegen der monoklinen Standardkurve $I_{\text{Mon}}(x)$ erzeugt werden — vgl. Abschnitt 3.2/VIII.

Um Fehler bei der Zerlegung möglichst klein zu halten, wird vor der Zerlegung der Streukurve PA 102 zunächst die von ungeordneten Strukturbereichen herrührende diffuse Streukomponente abgetrennt, wobei weitgehend auf entsprechende Literaturangaben zurückgegriffen werden kann — z. B. *Halboth* [5]. Die verbleibende Restkurve wird neu aufgetragen und weiter zerlegt, wie Bild 3 zeigt. Anschließend wird zu jeder der durch die Zerlegung

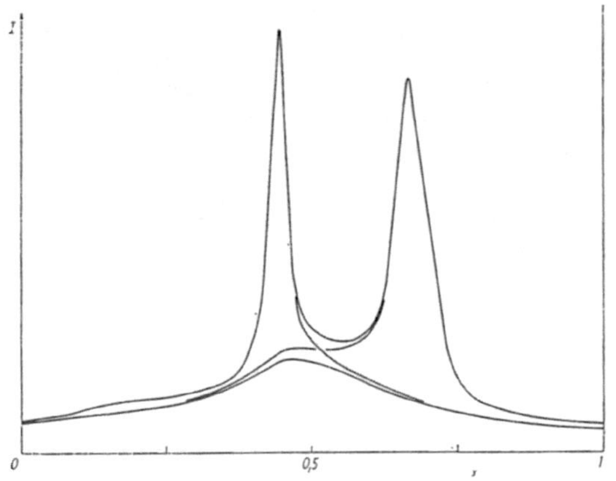

Bild 3. Zur Zerlegung der monoklinen Standardkurve $I_{\mathrm{Mon}}(x)$

gewonnenen beiden Einzelkurven anteilmäßig die zuvor abgetrennte diffuse Streukomponente wieder addiert.

Diese Art der Zerlegung von $I_{\mathrm{Mon}}(x)$ gewährleistet zunächst, daß der Funktionsverlauf der beiden entstandenen Bezugskurven am Intervallbeginn mit dem der gemessenen monoklinen Standardkurve, wie gefordert, stets übereinstimmt.

Weiterhin darf man erwarten, daß eine nicht korrekt gewählte diffuse Streukomponente ebenso wie eine fehlerbehaftete Zerlegung der Reflexe sich in erster Linie auf die langsam veränderlichen Kurvenausläufer auswirkt. Deren Verlauf bestimmt aber hauptsächlich nur die voraussetzungsgemäß in die Auswertung nicht eingehenden niedrigen Fourierkoeffizienten. Man hat die Möglichkeit, durch die Berücksichtigung auch der ersten Fourierkoeffizienten bei einer nachträglichen Synthese den Verlauf der diffusen Streukomponente zu kontrollieren.

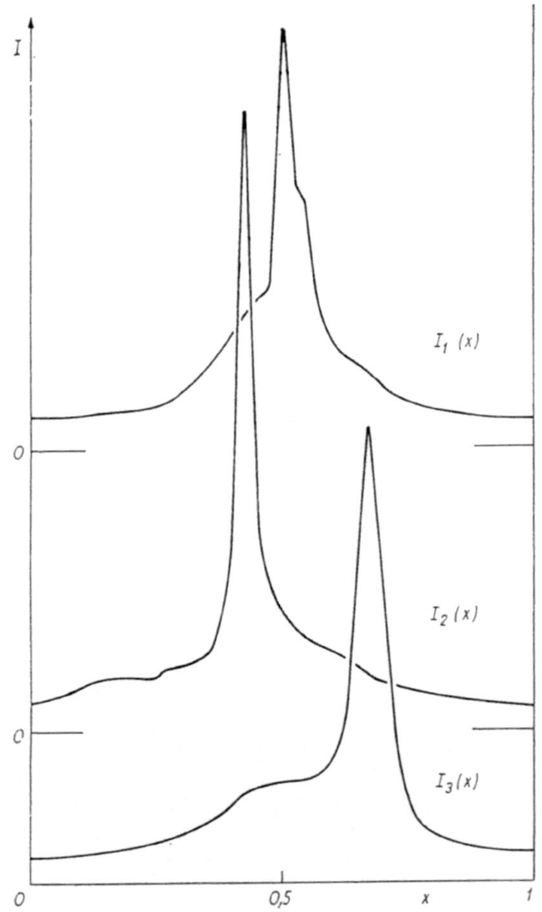

Bild 4. Darstellung der Bezugskurven $I_1(x)$, $I_2(x)$ und $I_3(x)$

Bild 4 zeigt die so erhaltenen Bezugskurven $I_1(x)$, $I_2(x)$ und $I_3(x)$.

3.2.1. Berechnung der Fourierkoeffizienten

Für die Analyse werden die Fourierkoeffizienten der normierten Bezugskurven und die der untersuchten Streukurven benötigt. Auf Grund der Definitionsgleichungen

$$C_n = \int_0^1 I(x)\, e^{2\pi i n x} dx, \tag{2}$$

$$C_{pn} = \int_0^1 I_p(x)\, e^{2\pi i n x} dx$$

gelten für die Berechnung von Real- und Imaginärteil dieser Fourierkoeffizienten die folgenden Beziehungen:

$$c_{pn} = \int_0^1 I_p(x) \cos 2\pi n x\, dx, \tag{3}$$

$$\bar{c}_{pn} = \int_0^1 I_p(x) \sin 2\pi n x\, dx.$$

Unter Benutzung eines Kleinrechners „Cellatron SER-2d" wurden die jeweils ersten 26 Kosinus- und Sinuskoeffizienten berechnet. Diese Koeffizientenanzahl erwies sich als ausreichend.

3.3. Bestimmung der Reflexlagen

Außer den Fourierkoeffizienten der zu untersuchenden Streukurven und der Bezugskurven benötigt man für die Auflösung der Gleichungen (16/VIII) noch die genaue Kenntnis der Reflexverschiebungen Δx_p bei den untersuchten Kurven. Eine relativ einfache Möglichkeit, die Reflexlagen zuverlässig zu bestimmen, beruht auf der Berechnung „reduzierter" Kurven. Hierunter sollen diejenigen Kurven verstanden werden, die man durch eine Synthese aus allen Koeffizienten C_n der experimentellen Streukurven erhält, für die $n \geqq n_0$ ist.

Bei der Einführung der reduzierten Streukurven ist von folgenden Überlegungen auszugehen: Durch geeignete Wahl von n, etwa in der Größenordnung von n_0, der Nummer des höchsten wesentlich von Null verschiedenen Fourierkoeffizienten der diffusen Streukomponente, hat man es in der Hand, sich zunächst weitgehend vom Einfluß der Lage des Maximums der amorphen Streukomponente zu befreien. Andererseits hängt die genaue Lage der im allgemeinen viel schärferen kristallinen Reflexmaxima vor allem von den höher indizierten Fourierkoeffizienten ab und wird daher durch die vorgenommene Reduktion der Fourierkoeffizienten kaum beeinflußt.

Bild 5 zeigt anschaulich am Beispiel der hexagonalen Standardkurve den Einfluß der Wahl von n. Mit steigendem n wird der Reflex immer schärfer, wobei die Reflexlage sich nicht nachweislich ändert.

Im Bild 6 sind die reduzierten Kurvendarstellungen der Bezugskurven $I_p(x)$ sowie der drei zu analysierenden Streukurven für $n = 4$ wiedergegeben.

In Tabelle 1 sind die an Bild 6 abgelesenen Reflexlagen der Bezugskurven und der zu analysierenden Streukurven sowie die daraus berechneten Werte für Δx_p zusammengestellt.

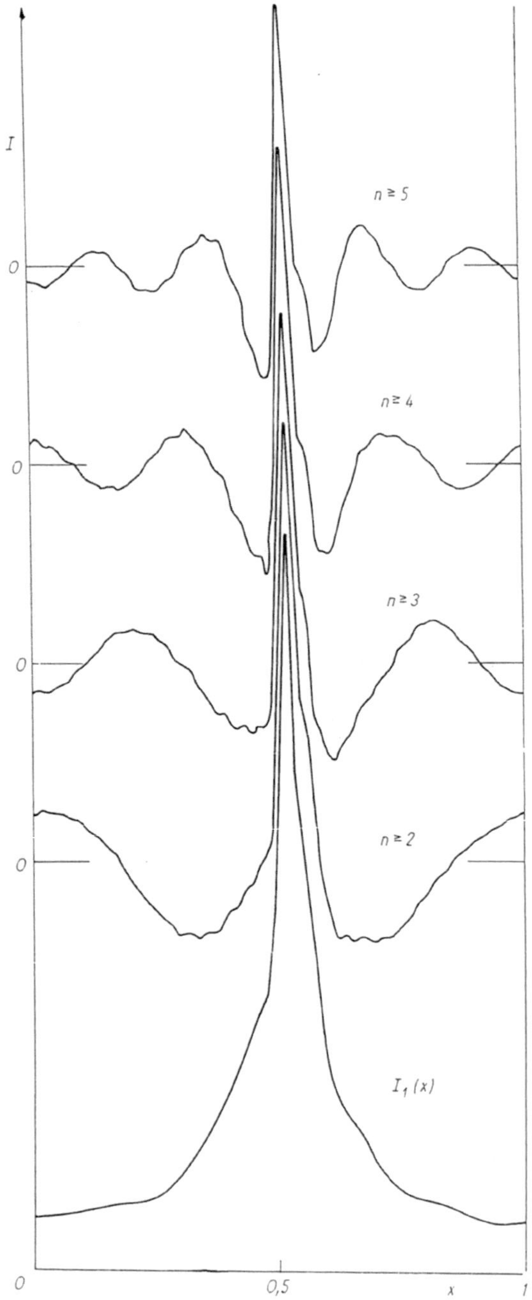

Bild 5. Reduzierte Darstellungen der hexagonalen Bezugskurve $I_1(x)$ für unterschiedliche Koeffizientenzahl n

3.4. *Lösung des Gleichungssystems*

Als Gleichungssystem für die Berechnung der Indizes k_p und der Verbreiterungsparameter ϱ_p hatte sich ergeben (16/VIII):

$$c_n^2 + \bar{c}_n^2 = \sum_{p=1}^{3} k_p [(c_{pn} c_n + \bar{c}_{pn} \bar{c}_n) \cos 2\pi n \Delta x_p + (\bar{c}_{pn} c_n - c_{pn} \bar{c}_n) \sin 2\pi n \Delta x_p] \, e^{-2\pi \varrho_p n} \quad (4)$$

$$\text{für } n \geqq n_0.$$

Die Auflösung dieses Gleichungssystems erfolgt auf iterativem Wege, da eine geschlossene Lösungstheorie hierfür nicht zur Verfügung steht. Zu diesem Zwecke ersetzt man in den Gleichungen (4) ϱ_p formal durch $\varrho_p = \varrho_p' + \Delta \varrho_p$, wobei ϱ'_p als ein Näherungswert für ϱ_p

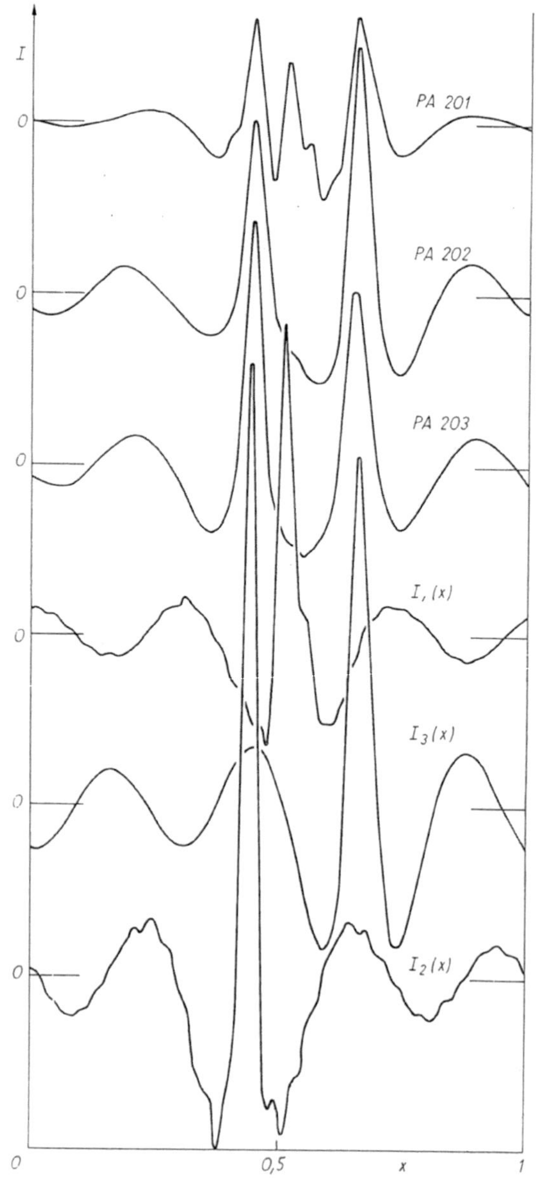

Bild 6. Reduzierte Darstellungen der Bezugskurven und zu analysierenden Streukurven

Tabelle 1. Lage und relative Verschiebung der Reflexe

	$\vartheta^{(1)}$	$\vartheta^{(2)}$	$\vartheta^{(3)}$	Δx_1	Δx_2	Δx_3
Bezugswerte	10,65°	9,975°	12,045°			
PA 201	10,675°	10,013°	11,97°	−0,0028	−0,0042	0,0083
PA 202	—	10,031°	11,906°	—	−0,0062	0,0153
PA 203	—	10,013°	11,881°	—	−0,0042	0,0183

Tabelle 2. Konvergenzverhalten des Iterationsverfahrens am Beispiel der Probe PA 201

Iterationszyklus	k_1	k_2	k_3	$2\pi\Delta\varrho_1$	$2\pi\Delta\varrho_2$	$2\pi\Delta\varrho_3$
1	0,4048	0,3130	0,2245	0,0195	0,0361	−0,0313
2	0,4569	0,3412	0,2278	0,0149	0,0152	0,0059
3	0,4728	0,3468	0,2278	0,0048	0,0029	0,0002
4	0,4751	0,3472	0,2279	0,0004	0,0001	0,0001
5	0,4750	0,3472	0,2279	0,00033	0,00002	0,00033

interpretiert werden soll und $\Delta\varrho_p$ als der zugehörige Korrekturterm. Für kleine $\Delta\varrho_p$ gilt damit genähert:

$$e^{-2\pi n(\varrho_p' + \Delta\varrho_p)} \approx (1 - 2\pi n \Delta\varrho_p)\, e^{-2\pi n \varrho_p'}. \tag{5}$$

Mit diesem Ausdruck lassen sich die Gleichungen (4) in die Form eines linearen Gleichungssystems mit sechs Unbekannten bringen:

$$q_n = \sum_{m=1}^{6} q_{mn}\, z_m. \tag{6}$$

Wie man leicht nachprüfen kann, sind die absoluten Glieder q_n gegeben durch

$$q_n = c_n^2 + \bar{c}_n^2. \tag{7}$$

Die Koeffizienten q_{nm} genügen der Darstellung:

$$\begin{aligned} q_{np} &= Q_{np} \cdot e^{-2\pi n \varrho_p'}, \\ q_{n,p+3} &= -nQ_{np} \cdot e^{-2\pi n \varrho_p'}, \\ p &= 1, 2, 3 \end{aligned} \tag{8}$$

mit Q_{np} als Abkürzung für die folgenden Ausdrücke:

$$Q_{np} = (c_{pn} c_n + \bar{c}_{pn} \bar{c}_n) \cos 2\pi n \Delta x_p + (\bar{c}_{np} c_n - c_{pn} \bar{c}_n) \times \\ \times \sin 2\pi n \Delta x_p. \tag{9}$$

Schließlich sind die Unbekannten z_m mit den Größen k_p und $\Delta\varrho_p$ in einfacher Weise verknüpft:

$$\begin{aligned} z_p &= k_p, \\ z_{p+3} &= k_p \cdot 2\pi\Delta\varrho_p. \end{aligned} \tag{10}$$

Aus den experimentell bekannten Koeffizienten C_n und C_{pn} lassen sich nach den Gleichungen (7 und 9) zunächst die absoluten Glieder sowie die Terme Q_{np} berechnen. Diese Größen ändern während des gesamten Iterationsprozesses ihren Wert nicht.

Danach gibt man als Anfangswert $\varrho_p' = 0$ vor, berechnet hierfür die Koeffizienten q_{nm} nach Gleichung (8) und löst anschließend nach bekannten Methoden das System (6). Auf diese Weise erhält man eine Lösung z_m, aus der eine erste Näherung für k_p und ϱ_p nach den Gleichungen (10) berechnet wird:

$$\begin{aligned} k_p &= z_p, \\ \varrho_p &= \varrho_p' + \frac{1}{2\pi} \cdot \frac{z_{p+3}}{z_p}. \end{aligned} \tag{11}$$

Diese Werte stellen Näherungswerte dar, die naturgemäß fehlerbehaftet sein werden. Eine Verbesserung erhält man, indem man für ϱ_p in den Gleichungen (8) ide nach den Gleichungen (11) bestimmten Werte ϱ_p einsetzt, hierfür die Koeffizienten q_{nm} erneut berechnet und das Gleichungssystem (6) ein zweites Mal löst. Diese zweite Lösung gestattet über die Gleichungen (9) die Bestimmung einer zweiten besseren Näherung für k_p und ϱ_p.

Dieses Verfahren läßt sich beliebig oft wiederholen, wobei erfahrungsgemäß die Differenzen zwischen den einzelnen Näherungen immer kleiner werden.

Bei der praktischen Anwendung des Iterationsverfahrens läßt sich durch Einbeziehung möglichst vieler Fourierkoeffizienten die Genauigkeit der Lösung steigern. Im allgemeinen hat man mehr als sechs Gleichungen des Systems (6) zur Verfügung. Durch eine „*Gauß*-transformation“ [6] lassen sich die überzähligen Gleichungen in die Lösung einbeziehen. In unserem Falle wurden die Gleichungen von $n = 5$ bis $n = 16$ in die Auswertung einbezogen.

Das beschriebene Iterationsverfahren besitzt gute Konvergenzeigenschaften, wie am Beispiel der Auswertung der Streukurve von PA 201 zu erkennen ist — siehe Tabelle 2. In den hier untersuchten drei Fällen haben sich vier bis fünf Iterationszyklen als ausreichend erwiesen.

Eine Zusammenstellung der für k_p und ϱ_p ermittelten Werte ist Tabelle 3 zu entnehmen.

Tabelle 3. Ergebnisse der Auswertung

Probe	k_1	k_2	k_3	$2\pi\varrho_1$	$2\pi\varrho_2$	$2\pi\varrho_3$
PA 201	0,475	0,347	0,228	0,04	0,054	−0,025
PA 202		0,338	0,555		0,032	−0,014
PA 203		0,470	0,672		0,028	0,06

3.5. Zur Bestimmung des amorphen Streuanteils

Die Bestimmung des Index k_4 für den amorphen Streuanteil erfolgt gemäß Gleichung (18/VIII). Dazu trägt man zweckmäßigerweise die Funktion

$$q(x) = \frac{I(x)}{I_{\text{Hex}}(x)} \tag{12}$$

in der Umgebung von $x = 0$ auf.

Wie bereits an anderer Stelle [7] festgestellt wurde, liefert die graphische Auftragung nicht nur genauere Ergebnisse als eine Bestimmung von k_4 für den diskreten Wert $x = 0$, sondern es wird auch möglich, die untere Intervallgrenze ϑ_1 dahingehend zu überprüfen, ob die Forderung $i_1(0) = i_2(0) = i_3(0) = 0$ auch tatsächlich erfüllt ist. In diesem Falle muß sich für $q(x)$ eine zur Abszisse parallele Gerade ergeben.

Bei der Analyse experimenteller Streukurven von PA 6 kann es, vorwiegend wegen des störenden Einflusses des Meridianreflexes, mitunter Schwierigkeiten bereiten, einen Bereich für ϑ anzugeben, für den $q(x)$ tatsächlich die geforderte Konstanz aufweist.

Bei der Festlegung der Bezugskurven $I_p(x)$ ist es erforderlich, einmalig den Proportionalitätsfaktor zwischen k_4 und $k_4/_{\text{Mon}}$ (siehe Abschnitt 3.4/VIII) zu bestimmen, um das Verhältnis der diffusen Streuanteile der hexagonalen und monoklinen Standardkurven angeben zu können.

Die in die vorliegende Auswertung einbezogenen Streukurven ergaben innerhalb einer Fehlergrenze von etwa $\pm 10\%$ stets

$$k_4 = k_{4,\text{Mon}} = 1.$$

Das bedeutet, daß der Anteil der diffusen Streukomponente in allen in die Auswertung einbezogenen PA-6-Proben gleich ist.

Eine unabhängige Bestätigung für dieses völlig unerwartete Ergebnis bietet auch Gleichung (21/VIII). Bestimmt man nämlich die Summe

$$\sum_{p=1}^{3} k_p,$$

so ergibt sich innerhalb der Fehlergrenzen für alle drei untersuchten Proben ebenfalls der Wert eins.

Aus dieser Konstanz der diffusen Streuanteile folgt, daß auf der Basis der vorliegenden Theorie der Anteil der diffusen Streukomponente an der Gesamtstreuung und damit die Absolutwerte der einzelnen Streuanteile β_i bzw. β_{ii} ebenso wie die Fourierkoeffizienten der „Amorphkurve" unbestimmbar bleiben. Es ist jedoch in jedem Falle möglich, in Gestalt der k_p ($p = 1, 2, 3$) Indizes zu berechnen, die wegen der Beziehung die

$$\sum_{p=1}^{3} k_p = 1$$

relativen Anteile der drei kristallinen Streukomponenten an der kristallinen Gesamtstreuung angeben.

4. Fehlerbetrachtung

Die Genauigkeit der Ergebnisse des beschriebenen Analysenverfahrens läßt sich anschaulich überprüfen, indem man mit Hilfe aller berechneten Bestimmungsgrößen die zugehörige Streukurve synthetisiert und mit der experimentell vorgegebenen Ausgangskurve vergleicht. Die Fourierkoeffizienten E_n der Differenzkurve beider Kurven berechnen sich zu:

$$E_n = C_n - \sum_{p=1}^{3} k_p C_{pn} D_{pn} e^{2\pi i n \Delta x_p}. \tag{13}$$

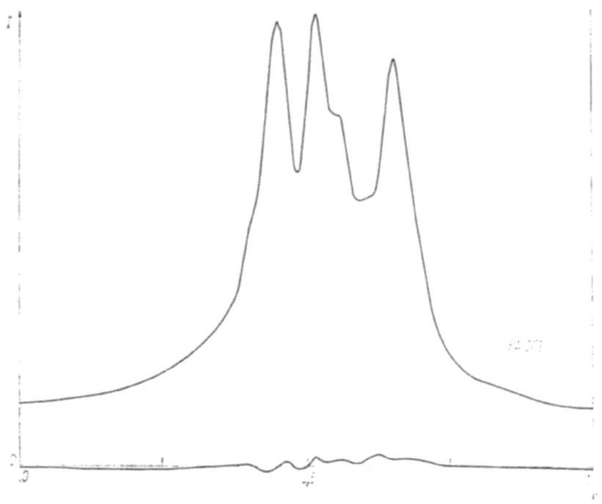

Bild 7. Darstellung von Streukurve und Differenzkurve der Probe PA 201

Bild 7 zeigt am Beispiel der Probe PA 201 die synthetisierte Differenzkurve neben der untersuchten Kurve selbst. Der Verlauf der Differenzkurve gibt Hinweise auf die Art des eingetretenen Fehlers (z. B. falsche Wahl der „Amorphkurve" oder Fremdstoffgehalte in der untersuchten Probe).

Die von der Differenzkurve eingeschlossene Fläche beträgt 1,2% der Fläche der Streukurve. Für die beiden anderen untersuchten Proben ergaben sich etwas größere Abweichungen: 4,9% für PA 202 und 10,7% für PA 203.

5. Diskussion

Die in Teil VIII beschriebene Theorie für die quantitative Auswertung der Röntgenstreudiagramme polymerer Mehrphasensysteme wurde auf ausgewählte PA-6-Streukurven angewendet. Die hierbei gewonnenen Resultate weisen zunächst aus, daß Lage und Breite der kristallinen Reflexe bei den untersuchten Proben unterschiedlich sind. Dies gilt im besonderen Maße auch für die beiden monoklinen Reflexe (200) und (002)/(202). Hier liegt die Deutung nahe, daß eine Anisotropie in der Ausbildung der übermolekularen Struktur in Richtung der zugeordneten Netzebenenscharen vorliegt, also z. B. unterschiedliche Statistiken für die Größe der kristallin geordneten Bereiche oder Art und Ausmaß von Gitterstörungen. Die Ergebnisse der vorliegenden Auswertung zeigen, daß in den beiden monoklinen Proben, die die Intensitätsverhältnisse I(200)/I(002)/(202) = 0,76 (PA 202), bzw. = 1,31 (PA 203) besitzen, mit $k_2/k_3 = 0{,}61$ (PA 202) bzw. $= 0{,}7$ (PA 203) nahezu gleiche Anteile der beiden Reflexe vorliegen. Die extremen Unterschiede des Intensitätsverhältnisses erklären sich hier allein aus den unterschiedlichen Linienbreiten (vgl. Tabelle 3 — positive Werte von ϱ_p bedeuten eine Verbreiterung, negative eine Verschärfung des p-ten Reflexes bezüglich des entsprechenden Reflexes der Bezugskurve).

Daß jedoch auch die Anteile dieser beiden Reflexe variieren können, beweist die Probe PA 201, für die sich das Verhältnis K_2/K_3 zu 1,52 ergibt.

Weiterhin konnte bei allen untersuchten Proben innerhalb der Fehlergrenze die Konstanz der amorphen Streukomponente nachgewiesen werden. In diesem Zusammenhang ist auf einige Untersuchungen hinzuweisen, bei denen für PA 6 und andere Polymere ein ähnliches Streuverhalten gefunden wurde — *Bodor* [8, 9] *Farrow* [10], *Teichgräber* und *Schilling* [7].

Eine ausführliche Diskussion dieses Sachverhaltes auf der Grundlage erweiterter systematischer Untersuchungen ist einer späteren Arbeit vorbehalten.

Literatur

[1] *Teichgräber, M.*, und *Hirte, R.*: Die übermolekulare Struktur hochpolymerer Verbindungen. Teil VIII. Ein erweitertes Fourierverfahren zur quantitativen Analyse der röntgenographischen Streukurven von Polycaprolactam als polymeres Mehrphasensystem. Theorie des Mehrphasensystems. Faserforsch. u. Textiltechnik **23** (1972) 1, S. 21—27.

[2] *Hirte, R.*: Ein Verfahren zur quantitativen Analyse der Röntgenstreukurve von Polycaproamid. Dissertation, Technische Hochschule für Chemie Leuna-Merseburg 1970.

[3] *Ruland, W.*: Structural parameter determination of small aromatic systems in non-crystalline solids. Acta crystallogr., Copenhagen **12** (1959) S. 679—683.

[4] *Teichgräber, M.*: Die übermolekulare Struktur hochpolymerer Verbindungen. Teil I. Ein Fourierverfahren zur röntgenographischen Bestimmung des Kristallinitätsgrades. Faserforsch. u. Textiltechnik **18** (1967) S. 336 bis 342.

[5] *Halboth, H.*: Röntgenographische Untersuchung der Kristallisation von gequollenen Polymerisaten und von Oligomeren des Nylon 6. Dissertation TH Aachen 1965.

[6] *Willers, A.*: Methoden der praktischen Analysis. Berlin: Akademie-Verlag 1950.

[7] *Teichgräber, M.*, und *Schilling, B.*: Die übermolekulare Struktur hochpolymerer Verbindungen, Teil VII. Röntgendiffraktometrische Bestimmung eines absoluten Kristallinitätsgrades an Polypropylen mittels eines Fourierverfahrens. Faserforsch. u. Textiltechnik **20** (1969) S. 242—248.

[8] *Bodor, G.*: Untersuchung linienverbreiternder Einflüsse im Röntgenstreudiagramm von Hochpolymeren. Faserforsch. u. Textiltechnik **18** (1967) S. 86—91.

[9] *Bodor, G.*, *Grell, M.*, und *Kalló, A.*: Untersuchung des Zustandes von Polypropylen — Vorschlag zur Bestimmung der Kristallinität des Polypropylens. Faserforsch. u. Textiltechnik **15** (1964) S. 527—530.

[10] *Farrow, G.*: The measurement of crystallinity in polypropylene fibres by X-ray diffraction. Polymer, London **2** (1961) S. 409—417.

Eingegangen am 26. April 1972

Lösungsviskosimetrische Untersuchungen von Gemischen von Polycaprolactam und Polyäthylenterephthalat in Phenol/Tetrachloräthan (1:1) als Lösungsmittel

Klaus Dietrich und Gerhard Reinisch
Deutsche Akademie der Wissenschaften zu Berlin, Institut für Polymerenchemie in Teltow-Seehof, Abt. Polykondensate

DK 678.675'126:678.674'524'420:678-19:66.062.412.42-13:66.062.551:532.133

An Polycaprolactam- und Polyäthylenterephthalatproben etwa gleicher und an entsprechenden Proben stark unterschiedlicher rel. Molekülmassen wurden lösungsviskosimetrische Untersuchungen im gemeinsamen Lösungsmittel Phenol/Tetrachloräthan (1:1) durchgeführt. Die Intrinsic-Viskositäten sind additiv. Bei größeren Unterschieden der rel. Molekülmasse zwischen Polyamid und Polyester scheinen konzentrationsabhängige Wechselwirkungen zwischen beiden Polymeren einzutreten. Die rel. Molekülmasse des Polyamidanteils in Polyamid/Polyester-Mischung läßt sich ohne physikalische Polymerentrennung durch Lösungsviskosimetrie bestimmen.

Исследование вязкости растворов смесей поликапролактама и полиэтилентерефталата в смеси фенола с тетрахлорэтаном (1:1)

Определена вязкость растворов смесей образцов поликапролактама и полиэтилентерефталата с примерно одинаковым, а также с сильно различающимся молекулярным весом в смеси фенола с тетрахлорэтаном (1:1) в качестве смешанного растворителя. Значения характеристической вязкости оказались суммарными. В случае больших различий в молекулярном весе между поликапролактамом и полиэтилентерефталатом вероятно имеют место зависящие от концентрации взаимодействия между обоими полимерами. Молекулярный вес полиамидного компонента в смесях с полиэтилентерефталатом можно определять вискозиметрическим путем в растворе без физического разделения полимеров.

Investigations of the Solution Viscosity of Mixtures of Polycaprolactam with Polyethylene Terephthalate in 1:1 Phenol/Tetrachlorethane Mixed Solvent

With samples of polycaprolactam an polyethylene terephthalate of nearly equal and widely different molecular weight the solution viscosity in mixtures of the common solvents phenol and tetrachlorethane has been investigated. The values of the intrinsic viscosity were found to be additive. Interactions between the polyamide and polyester, depending on the concentration, are supposed to occur at high differences of molecular weight of the two polymers. The molecular weight of the polyamide component in polyamide/polyester mixtures can be determined by viscosimetry of the solution without separation of the polymers.

1. Einleitung

Die steigende industrielle Bedeutung von Polymergemischen, nicht zuletzt auch für die Herstellung von synthetischen Faserstoffen (vgl. z. B. [1]), bringt neue analytische Probleme mit sich. Während für individuelle Polymere die Grundlagen der Lösungsviskosimetrie als Charakterisierungsmethode weitgehend, wenn auch noch nicht vollständig, theoretisch entwickelt sind [2], beruhen die vorhandenen Angaben über ternäre Polymer/Polymer/Lösungsmittel-Systeme noch auf stark vereinfachten Modellvorstellungen.

Die bisher bekannten Untersuchungen zum Viskositätsverhalten von Polymergemischen in einem gemeinsamen Lösungsmittel dienten meist dem Ziel, über die Verträglichkeit in Lösung auf die Verträglichkeit im festen Zustand zu schließen [3 bis 9].

Die Meinungen über die Verwendbarkeit der lösungsviskosimetrischen Untersuchungen für diesen Zweck gehen allerdings noch auseinander (vgl. [6, 7]).

Für die hier durchgeführten Untersuchungen interessierte nicht so sehr der Nachweis der Unverträglichkeit — Polycaprolactam und Polyäthylenterephthalat sind über den gesamten Mischbereich unverträglich —, sondern die Anwendbarkeit des Gemisches von Phenol mit Tetrachloräthan 1:1 (m:m) für die analytische Charakterisierung von Matrix-Fibrillen-Fäden aus Schmelzedispersionen von Polyamid und Polyester.

2. Zur Theorie der ternären Polymer/Polymer/Lösungsmittel-Systeme

Für die ideale spezifische Viskosität von binären Polymergemischen in einem gemeinsamen Lösungsmittel wurde von *Krigbaum* und *Wall* [10] die Beziehung (1) abgeleitet:

$$\eta_{\text{spez}_m} = [\eta]_1 \cdot c_1 + [\eta]_2 \cdot c_2 + 0{,}43\,([\eta_1]^2 \cdot c_1^2 + 2[\eta]_1[\eta]_2 \cdot c_1 \cdot c_2 + [\eta]_2^2 \cdot c_2^2). \tag{1}$$

$[\eta]_1, [\eta]_2$ = Intrinsic-Viskosität der individuellen Polymeren in dem für die Untersuchung der Gemische verwendeten Lösungsmittel;

c_1, c_2 = Konzentrationen der einzelnen Polymeren in der Mischung;
$c_1 + c_2$ = Gesamtkonzentration; 0,43 = Konstante

Die Beziehung (1) stellt einen Spezialfall der *Huggins*-Beziehung für Polymerengemische [6] dar:

$$\eta_{\text{spez}_m} = [\eta]_m \cdot c_m + k_m \cdot [\eta]_m^2 \cdot c_m^2 + \cdots. \tag{2}$$

Aus der Additivität der Intrinsic-Viskositäten für Polymerengemische [10, 11], Gleichung (3), ergibt sich aus (2) die Beziehung (4), die mit (1) identisch ist, nur anstelle des Faktors 0,43 die *Huggins*-Konstante der Mischung k_m enthält:

$$[\eta]_m = [\eta]_1 \cdot c_1 + [\eta]_2 \cdot c_2, \tag{3}$$

$$\eta_{\text{spez}_m} = [\eta]_1 \cdot c_1 + [\eta]_2 \cdot c_2 + k_m([\eta]_1^2 \cdot c_1^2 + 2[\eta]_1[\eta]_2 \cdot c_1 \cdot c_2 + [\eta]_2^2 \cdot c_2^2). \tag{4}$$

Aus (4) ergibt sich (5), d. h. die Konstante k_m setzt sich aus den *Huggins*-Konstanten der individuellen Polymeren k_1' und k_2' sowie einer Konstanten $k_{1,2}$ zusammen, die für Wechselwirkungen der Polymeren untereinander verantwortlich sein muß:

$$\eta_{\text{spez}_m} = [\eta]_1 \cdot c_1 + [\eta]_2 \cdot c_2 + k_1'[\eta]_1^2 c_1^2 + 2k_{1,2}[\eta]_1 [\eta_2] c_1 c_2 + k_2'[\eta]_2^2 c_2^2. \quad (5)$$

Für Polyäthylenterephthalate mit unterschiedlichen rel. Molekülmassen, die in verschiedenen Mischungsverhältnissen in Phenol/Tetrachloräthan 1:1 bei 20 °C bei einer Gesamtkonzentration von 0,5 g/dl vermessen wurden, stimmen die experimentell erhaltenen spezifischen Viskositäten mit den nach (5) berechneten unter Verwendung von 0,35 für k_1', k_2' und $k_{1,2}$ überein.

Aus dem Vergleich zwischen k_m (Gleichung (2) oder (4) und $k_{1,2}$ (Gleichung (5)) müßten sich Hinweise auf Wechselwirkungen unterschiedlicher Polymerer in einem gemeinsamen Lösungsmittel ergeben. In allen Fällen, in denen $k_{1,2} > k_m$ ist, müßte Assoziation eintreten; wenn $k_{1,2} = k_m$ ist, läge eine Lösung ohne Wechselwirkung der Polymeren untereinander vor (für die ähnlich wie bei den Intrinsic-Viskositäten auch die Additivitätsbeziehung $k_m = k_1' \cdot c_1 + k_2' \cdot c_2$ gelten sollte); $k_{1,2} < k_m$ wäre dann das Anzeichen für gegenseitige Abstoßung der Makromoleküle.

Das System Polycaprolactam/Polyäthylenterephthalat — Phenol/Tetrachloräthan ist aber für die genauere Prüfung dieser vermuteten Zusammenhänge nicht geeignet, da die *Huggins*-Konstanten nicht sehr unterschiedlich sind und eine mögliche Linearassoziation der Polycaprolactamanteile [12] zu falschen Aussagen führen kann.

Für die Charakterisierung der Wechselwirkungen von Polymeren untereinander wurde von *Cragg* und *Bigelow* eine Berechnungsmethode (6) für k_m' abgeleitet [11], nach der $k_m' < k_m$ Hinweise auf Assoziationen in der Lösung geben soll:

$$k_m' = \frac{k_1'[\eta]_1^2 c_1^2 + k_2'[\eta]_2^2 c_2^2 + 2k_1' \cdot k_2' \cdot [\eta]_1 [\eta]_2 c_1 c_2}{([\eta]_1 c_1 + [\eta]_2 c_2)^2}. \quad (6)$$

3. *Experimenteller Teil*

Die Viskositätsmessungen wurden in dem gemeinsamen Lösungsmittel Phenol/Tetrachloräthan 1:1 (m:m) bei 20 °C durchgeführt. Untersuchungen von *Rafler* und *Reinisch* [12] über die Verwendbarkeit von Phenol/Tetrachloräthan-Gemischen für die Polyamidfraktionierung hatten gezeigt, daß dieses Lösungsmittel prinzipiell zur Viskosimetrie von Polycaprolactam verwendet werden kann, daß aber in Abhängigkeit von Endgruppenkonzentration und -art Assoziationen eintreten. Diese Assoziationen drücken sich durch eine endgruppenabhängige Veränderung von k_H aus. Bei reglerfreien Polycaprolactamproben sinkt k_H von 2,37 ($\overline{P}_n$ 21,5) auf etwa 0,5 ($\overline{P}_n \sim 100$) und bleibt dann konstant. Für weitgehend acylierte Proben [13] ist k_H unabhängig von dem Polymerisationsgrad konstant 0,35.

Für unsere Untersuchungen verwendeten wir zwei Polycaprolactame (PA 6) und drei Polyäthylenterephthalate (PÄT). Um evtl. vorhandene Einflüsse der rel. Molekülmasse auf die Lösungsviskosität der Gemische feststellen zu können, wurden die Proben so gewählt, daß gleiche und stark unterschiedliche Molmassen kombiniert werden konnten (Tabelle 1).

Für Polycaprolactam ist keine Einpunktformel für die Intrinsic-Viskosität bekannt, $[\eta]$ wurde deshalb durch Verdünnungsreihen bestimmt.

Tabelle 1. Charakterisierung der zur Viskosimetrie verwendeten Polycaprolactame und Polyäthylenterephthalate

Bezeichnung	$[\eta]$[1] dl/g	k_H[1]	$\overline{M}_n$	$\overline{P}_n$	NH_2 µÄqu/g	COOH µÄqu/g
PA G 27	1,38	0,46	22000[2]	194,3	49,2	41,9
PA K 467	0,788	0,35	10680[2]	94,3	15,2	110,0
PÄT A 648	0,405	0,38	9700[3]	50,5	—	—
PÄT FG	0,68	0,35	20600[3]	107,5	—	—
PÄT A 715	0,90	0,35	31000[3]	161,5	—	—

[1] in Phenol(1)/Tetrachloräthan(1)
[2] bestimmt in 95,6%iger Schwefelsäure bei 20 °C nach $[\eta] = 5{,}12 \cdot 10^{-2}\, \overline{M}_n^{0,79}$ [14].
[3] bestimmt nach *Koepp* und *Werner* [15].

Die Viskositätsmessungen an den Mischungen wurden durch Verdünnungsreihen im modifizierten Hochtemperatur-Viskosimeter nach *Berger/Deckert* [16,5] oder durch Messung der Mischungen bei zwei verschiedenen Gesamtkonzentrationen (bei gleicher Polymerenzusammensetzung) nach Ermittlung von $[\eta]_m$ nach der Zweipunktformel (7) von *Berlin* [17] vorgenommen:

$$[\eta] = \frac{\frac{c_1}{c_2}(\eta_{\text{rel}_2} - 1) - \frac{c_2}{c_1}(\eta_{\text{rel}_1} - 1)}{c_1\left(1 - \frac{c_2}{c_1}\right)}. \quad (7)$$

Die Konzentrationen c_1 und c_2 in (7) sind hier die Summe der Konzentrationen beider Polymerer. Die Werte für $[\eta_m]$ aus der graphischen Extrapolation (*Huggins*-Auftragung) und der rechnerischen Extrapolation nach (7) sind identisch.

4. *Ergebnisse und Diskussion*

Die Meßergebnisse sind in den Tabellen 2a bis 2e zusammengefaßt; die Werte für η_{spez_m} und $[\eta]_m$ sind von den Bildern 1 bis 5 abgenommen und somit graphisch geglättet.

Die Bilder 1 bis 5 zeigen, daß die Additivitätsbeziehung der Intrinsic-Viskosität (3) für das untersuchte System gültig ist. Die aus der *Huggins*-Beziehung (2) errechneten k_m-Werte werden weitgehend durch k_H der Polyamide in Phenol/Tetrachloräthan beeinflußt. Sind die k_H-Werte der individuellen Polymeren gleich, bleibt k_m über den ganzen Mischungsbereich konstant, d. h. $k_m = k_1 = k_2$. Die Additivität der Intrinsic-Viskositäten über den gesamten Bereich der rel. Molekülmassen geht besonders deutlich aus Bild 6 hervor.

Die Betrachtung der spezifischen Viskositäten bei Gesamtkonzentrationen von 1 g/dl (Bild 7) bzw. 0,4 g/dl (Bild 8) zeigt, daß bei geradlinigem Verlauf die spezifischen Viskositäten ebenso additiv sind wie die Intrinsic-Viskositäten:

$$\eta_{\text{spez}_m} = \eta_{\text{spez}_{PA}} \cdot c_{PA} + \eta_{\text{spez}_{PÄT}} \cdot c_{PÄT}. \quad (8)$$

Diese Beziehung (8) ist aber nur für Mischungen mit geringen Differenzen der rel. Lösungsviskosität gültig und außerdem noch konzentrationsabhängig. Die üblicherweise zur Fadenherstellung verwendeten Polycaprolactame und Polyäthylenterephthalate besitzen aber große Differenzen in den rel. Lösungsviskositäten.

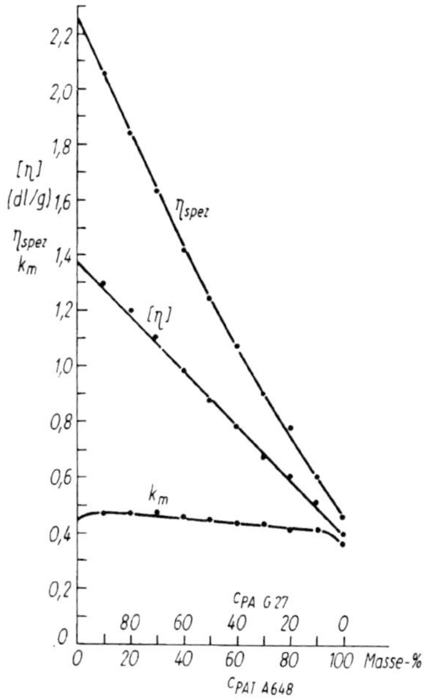

Bild 1. η_{spez}, $[\eta]$ und k_m der Mischung PA G 27/PÄT A 648 in Abhängigkeit von der Zusammensetzung (η_{spez} und $[\eta]$ Experimentalwerte; k_m aus den graphisch geglätteten Werten von η_{spez} und $[\eta]$ berechnet (Tabelle 2a); die durchgezogene Linie bei $[\eta]$ wurde nach Gleichung (3) berechnet)

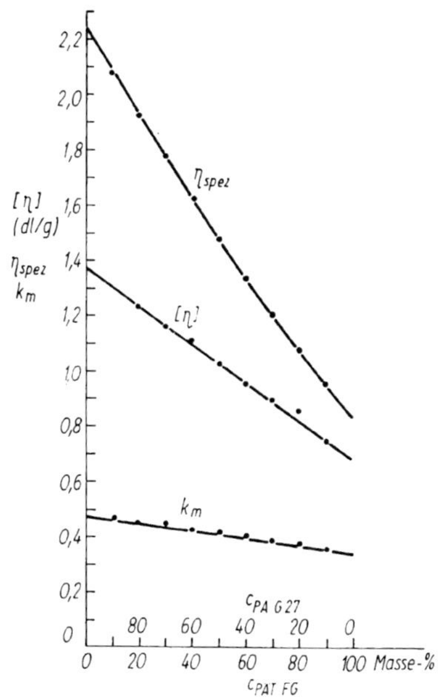

Bild 2. η_{spez}, $[\eta]$ und k_m der Mischung PA G 27/PÄT FG in Abhängigkeit von der Zusammensetzung (η_{spez} und $[\eta]$ Experimentalwerte; k_m aus den graphisch geglätteten Werten von η_{spez} und $[\eta]$ berechnet (Tabelle 2b); die durchgezogene Linie bei $[\eta]$ wurde nach Gleichung (3) berechnet)

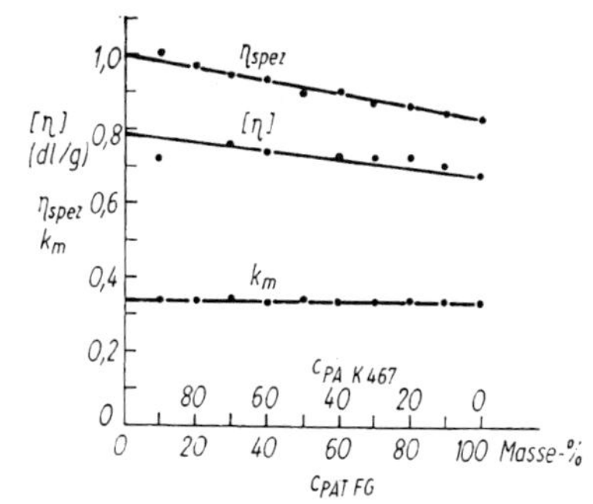

Bild 3. η_{spez}, $[\eta]$ und k_m der Mischung PA K 467/PÄT FG in Abhängigkeit von der Zusammensetzung (η_{spez} und $[\eta]$ Experimentalwerte; k_m aus den graphisch geglätteten Werten von η_{spez} und $[\eta]$ berechnet (Tabelle 2c); die durchgezogene Linie bei $[\eta]$ wurde nach Gleichung (3) berechnet)

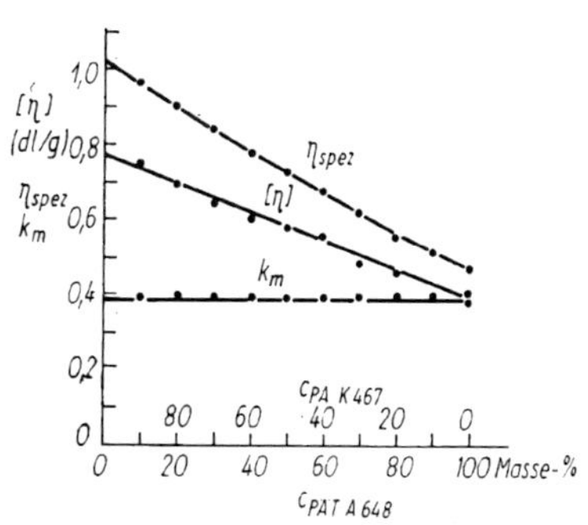

Bild 4. η_{spez}, $[\eta]$ und k_m der Mischung PA K 467/PÄT A 648 in Abhängigkeit von der Zusammensetzung (η_{spez} und $[\eta]$ Experimentalwerte; k_m aus den graphisch geglätteten Werten von η_{spez} und $[\eta]$ berechnet (Tabelle 2d); die durchgezogene Linie bei $[\eta]$ wurde nach Gleichung (3) berechnet)

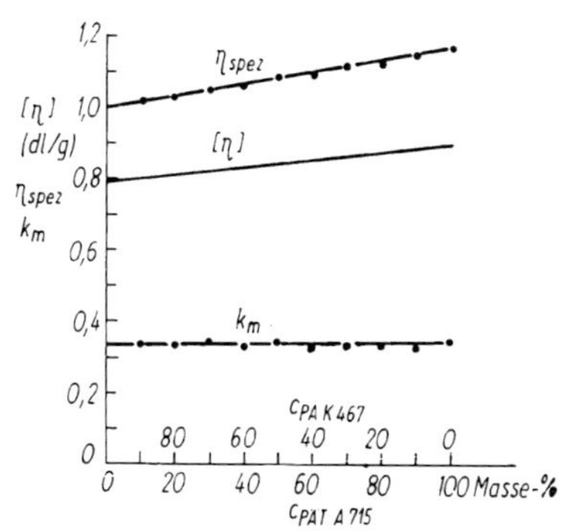

Bild 5. η_{spez}, $[\eta]$ und k_m der Mischung PA K 467/PÄT A 715 in Abhängigkeit von der Zusammensetzung (η_{spez} Experimentalwerte; $[\eta]$ nach Gleichung (3) berechnet; Tabelle 2e)

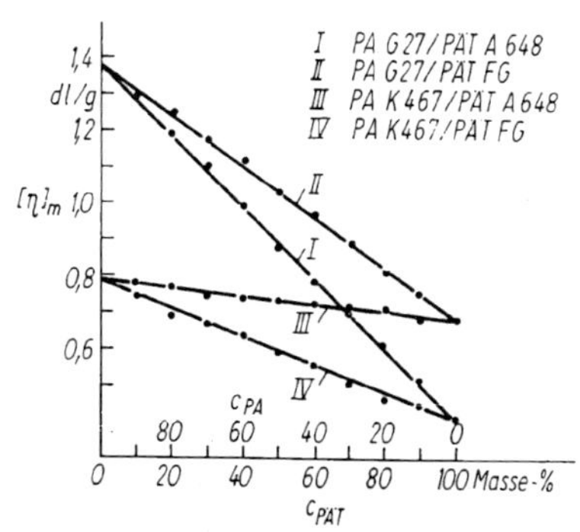

Bild 6. Experimentelle und nach (2) berechnete Werte von $[\eta]$ der verschiedenen Mischungen in Abhängigkeit von der Zusammensetzung

$k_{1,2}$ stellt praktisch die *Huggins*-Konstante für den „Mischungsanteil" der Lösung dar. Wenn bei individuellen Polymeren eine Erhöhung von k_H mit abnehmender rel. Molekülmasse als Linearassoziation angesehen wird [12], so kann auch bei Mischungen von Polymeren die Erhöhung von $k_{1,2}$ auf Assoziationen zwischen den unterschiedlichen Polymeren zurückzuführen sein.

Der Verlauf von $k_{1,2}$ über der Polyamidkonzentration (Bild 9) zeigt, daß mit abnehmenden Unterschieden der rel. Molekülmassen zwischen Polyamid und Polyester $k_{1,2}$ kleiner wird. Es zeigt sich auch, daß die höhere rel. Molekülmasse des Polyamids ($\Delta \overline{P}_n$ positiv) einen größeren Einfluß auf $k_{1,2}$ besitzt, als die rel. Molekülmassen des Polyesters ($\Delta \overline{P}_n$ negativ) (Bild 10). Während also der Verlauf von $k_{1,2}$ eine Assoziation bei höheren rel. Molekülmassen und Konzentrationen des Polyamids anzeigt, gibt die nach *Cragg* und *Brigelow* ermittelte Wechselwirkungskonstante (Gleichung (6)) Assoziationen über den gesamten Mischungsbereich und bei allen Polymerisationsgradunterschieden an (Tabelle 2; Bild 11).

Tabelle 2. Spezifische Viskositäten, Intrinsic-Viskositäten, Huggins- und Wechselwirkungskonstanten der Mischungen von Polycaprolactamen und Polyäthylenterephthalaten in Phenol/Tetrachloräthan 1:1 bei 20°C (Gesamtkonzentration 1 g/dl)

Tabelle 2a. Mischung PA G 27/PÄT A 648

c_{PA}	$c_{PÄT}$	η_{spez_m}	$[\eta]_m$ [1]	k_m [2]	k_{12} [3]	k_m' [4]
1,0	0	2,255	1,38	0,46	—	—
0,9	0,1	2,055	1,285	0,47	0,93	0,42
0,8	0,2	1,85	1,18	0,48	0,71	0,41
0,7	0,3	1,645	1,08	0,48	0,60	0,38
0,6	0,4	1,44	0,99	0,46	0,52	0,36
0,5	0,5	1,255	0,89	0,46	0,49	0,35
0,4	0,6	1,075	0,795	0,44	0,46	0,31
0,3	0,7	0,91	0,698	0,44	0,46	0,29
0,2	0,8	0,75	0,60	0,42	0,43	0,28
0,1	0,9	0,605	0,503	0,40	0,45	0,29
0	1,0	0,465	0,405	0,38	—	—

Tabelle 2b. Mischung PA G 27/PÄT FG

c_{PA}	$c_{PÄT}$	η_{spez_m}	$[\eta]_m$ [1]	k_m [2]	k_{12} [3]	k_m' [4]
1,0	0	2,255	1,38	0,46	—	—
0,9	0,1	2,10	1,306	0,47	0,65	0,41
0,8	0,2	1,94	1,24	0,46	0,52	0,39
0,7	0,3	1,785	1,17	0,45	0,47	0,35
0,6	0,4	1,626	1,10	0,43	0,44	0,32
0,5	0,5	1,48	1,03	0,42	0,43	0,30
0,4	0,6	1,336	0,96	0,41	0,42	0,28
0,3	0,7	1,205	0,892	0,39	0,42	0,26
0,2	0,8	1,075	0,825	0,38	0,41	0,26
0,1	0,9	0,953	0,752	0,36	0,42	0,27
0	1,0	0,83	0,680	0,35	—	—

[1] Experimentalwerte aus $\eta_{spez/c}$ — c bzw. Gleichung (7)
[2] berechnet nach Gleichung (2)
[3] berechnet nach Gleichung (5)
[4] berechnet nach Gleichung (6)
[5] berechnet nach Gleichung (3)

Tabelle 2c. Mischung PA K 467/PÄT FG

c_{PA}	$c_{PÄT}$	η_{spez_m}	$[\eta]_m$ [1]	k_m [2]	k_{12} [3]	k_m'
1,0	0	1,004	0,788	0,35	—	—
0,9	0,1	0,988	0,780	0,34	0,35	0,31
0,8	0,2	0,970	0,768	0,34	0,34	0,28
0,7	0,3	0,955	0,758	0,34	0,35	0,25
0,6	0,4	0,938	0,746	0,35	0,36	0,24
0,5	0,5	0,920	0,735	0,34	0,35	0,23
0,4	0,6	0,902	0,724	0,34	0,35	0,23
0,3	0,7	0,890	0,712	0,34	0,37	0,24
0,2	0,8	0,884	0,700	0,35	0,36	0,25
0,1	0,9	0,869	0,690	0,34	0,35	0,29
0	1,0	0,830	0,680	0,35	—	—

Tabelle 2d. Mischung PA K 467/PÄT A 648

c_{PA}	$c_{PÄT}$	η_{spez_m}	$[\eta]_m$ [1]	k_m [2]	k_{12} [3]	k_m' [4]
1,0	0	1,004	0,788	0,35	—	—
0,9	0,1	0,951	0,750	0,36	0,43	0,33
0,8	0,2	0,895	0,710	0,37	0,41	0,31
0,7	0,3	0,839	0,670	0,38	0,40	0,29
0,6	0,4	0,781	0,632	0,37	0,38	0,27
0,5	0,5	0,725	0,594	0,37	0,37	0,26
0,4	0,6	0,671	0,555	0,38	0,36	0,25
0,3	0,7	0,619	0,518	0,38	0,37	0,25
0,2	0,8	0,566	0,479	0,38	0,35	0,27
0,1	0,9	0,513	0,441	0,37	0,37	0,30
0	1,0	0,465	0,405	0,38	—	—

Tabelle 2e. Mischung PA K 467/PÄT A 715

c_{PA}	$c_{PÄT}$	η_{spez_m}	$[\eta]_m$ [5]	k_m [2]	k_{12} [3]	k_m' [4]
1,0	0	1,004	0,788	0,35	—	—
0,9	0,1	1,015	0,80	0,34	0,28	0,31
0,8	0,2	1,028	0,81	0,33	0,30	0,27
0,7	0,3	1,048	0,82	0,34	0,32	0,25
0,6	0,4	1,058	0,83	0,33	0,31	0,24
0,5	0,5	1,086	0,84	0,34	0,33	0,24
0,4	0,6	1,098	0,86	0,33	0,31	0,25
0,3	0,7	1,116	0,87	0,33	0,32	0,26
0,2	0,8	1,128	0,88	0,33	0,31	0,28
0,1	0,9	—	0,89	0,34	0,33	0,31
0	1,0	1,184	0,90	0,35	—	—

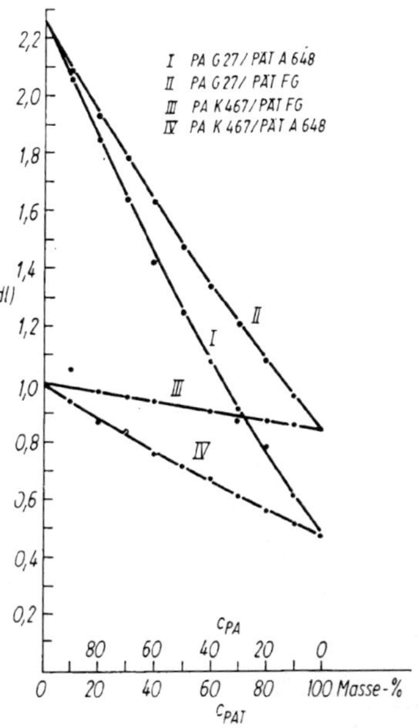

Bild 7. Abhängigkeit der spezifischen Viskositäten (Experimentalwerte) von der Zusammensetzung der Mischung (Gesamtkonzentration 1 g/dl)

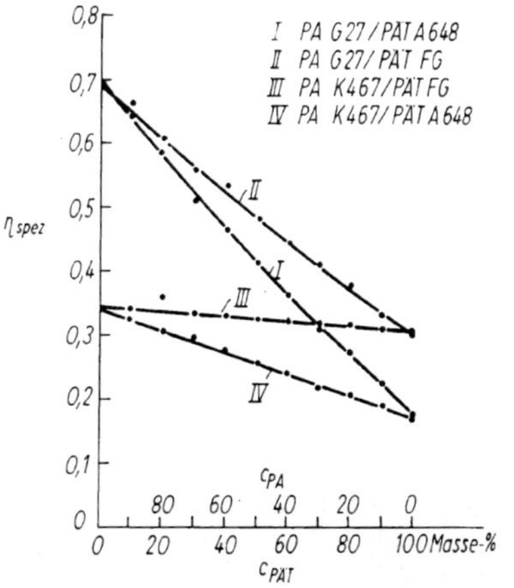

Bild 8. Abhängigkeit der spezifischen Viskositäten (Experimentalwerte) von der Zusammensetzung der Mischung (Gesamtkonzentration 0,4 g/dl)

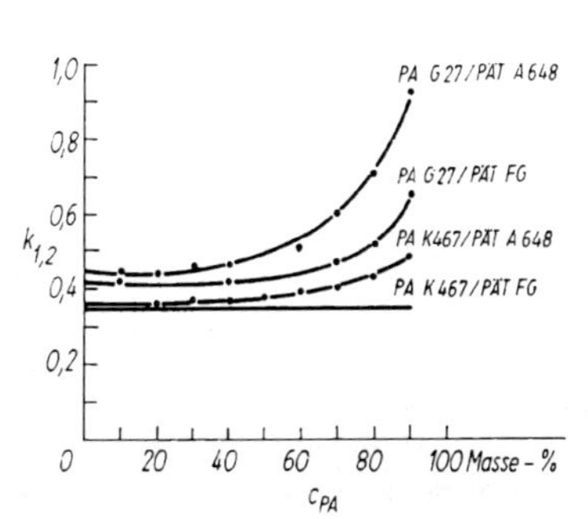

Bild 9. Abhängigkeit von $k_{1,2}$ von der Polyamidkonzentration in den verschiedenen Mischungen (Gesamtkonzentration 1 g/dl)

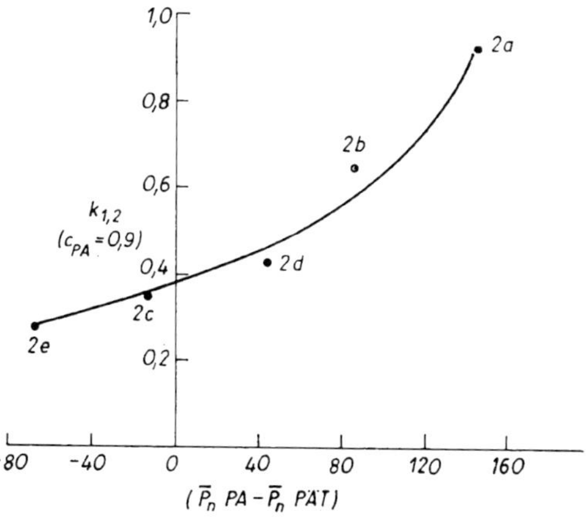

Bild 10. Abhängigkeit von $k_{1,2}$ für $c_{PA} = 0,9$ von den Differenzen der Polymerisationsgrade. Gesamtkonzentration 1 g/dl (2a, 2b usw. = Bezeichnung des Teils der Tabelle 2, dem diese Werte entnommen wurden).

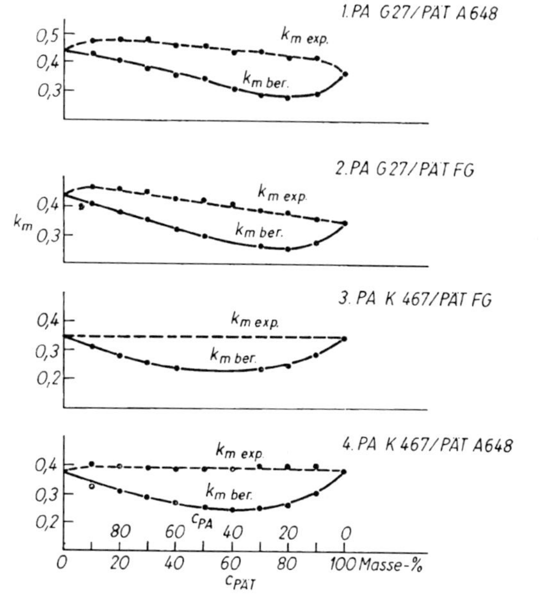

Bild 11. Abhängigkeit der experimentellen k_m-Werte und der nach Gleichung (6) ermittelten k_m'-Werte von der Zusammensetzung der Mischungen (Gesamtkonzentration 1 g/dl)

5. *Anwendungsmöglichkeiten der Lösungsviskosimetrie zur Charakterisierung von Mischungen aus Polycaprolactam und Polyäthylenterephthalat*

Die beste Methode zur Charakterisierung von Komponenten der Polymermischungen ist die physikalische Trennung (z. B. durch unterschiedliches Lösungsverhalten) und anschließende Charakterisierung der Einzelkomponenten. Bei Fäden aus Mischungen von Polyamid und Polyester ist diese Trennung auf Grund der langwierigen Filtration aber nicht als Routineanalyse auszuführen.

Mit wesentlich geringerem Aufwand wäre eine Differenzviskosimetrie möglich, bei der ein Teil des in Ameisensäure gelösten Polyamids, der bereits nach kurzer Zeit durch ein Filter gelaufen ist, isoliert und in Phenol/Tetrachloräthan gemessen wird. Als zweiter Wert steht die rel. Lösungsviskosität der Mischung in Phenol/Tetrachloräthan zur Verfügung, als Rechengrundlage könnte die Additivität der Intrinsic-Viskosität benutzt werden. Diese Möglichkeit scheidet aber aus, da infolge der endgruppenabhängigen Assoziationen des Polycaprolactams keine allgemeingültige $\eta_{spez}/[\eta]$-Beziehung für Phenol/Tetrachloräthan aufzustellen ist [12]. Es bleibt also nur die Trennung der Komponenten durch Druckfiltration durch G-5-Fritten, die aber wegen des großen Zeitaufwandes nur gelegentlich praktiziert werden kann.

Relativ leicht läßt sich dagegen die rel. Molekülmasse der Polyamidkomponente bestimmen.

Nach GBP 1141118 [18] wird Polyäthylenterephthalat in Schwefelsäure innerhalb kurzer Zeit vollständig hydrolysiert, so daß die resultierende rel. Viskositätserhöhung der schwefelsauren Lösung nur durch das unverändert bleibende Polyamid hervorgerufen wird.

Man erhält nach Hydrolyse des Polyesters (24 h Stehen bei Raumtemperatur) die rel. Lösungsviskosität des Polyamids bei einer bekannten Konzentration, die sich über die für Polycaprolactam in Schwefelsäure zuverlässige [19] *Matthes*-Beziehung in die rel. Lösungsviskosität bei einer Konzentration von beispielsweise 0,5 g/dl umrechnen und dann unmittelbar mit der Ausgangsviskosität vergleichen läßt:

$$\eta_{rel\,0,5\%} = \left[\frac{0,5}{c_1}\left(\sqrt{\eta_{rel_1}} - 1\right) + 1\right]^2; \qquad (9)$$

c_1 = Konzentration der gemessenen Lösung, η_{rel_1} = rel. Lösungsviskosität bei der Konzentration c_1.

Voraussetzung für eine richtige Umrechnung ist die Berücksichtigung der Erhöhung der Durchlaufzeit der Schwefelsäure im Viskosimeter durch das Polyester-Hydrolysat (Bild 12). Aus dieser absoluten Durchlaufzeiterhöhung ergibt sich die rel. Durchlaufzeiterhöhung entsprechend Tabelle 3. Aus dieser Abhängigkeit ergibt sich die Beziehung (10) für die korrigierte Durchlaufzeit des Lösungsmittels:

$$t_{H_2SO_4 korr} = 1,000 + 0,03 \cdot c_{PÄT}; \qquad (10)$$

$c_{PÄT}$ = Konzentration des Polyesters in Schwefelsäure in g/dl.

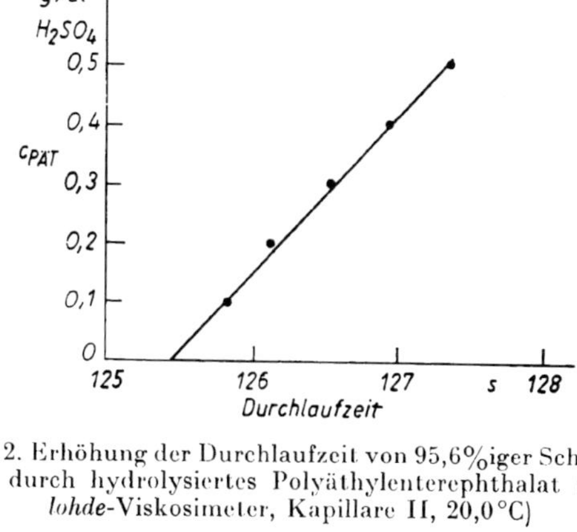

Bild 12. Erhöhung der Durchlaufzeit von 95,6%iger Schwefelsäure durch hydrolysiertes Polyäthylenterephthalat (*Ubbelohde*-Viskosimeter, Kapillare II, 20,0 °C)

Tabelle 3. Relative Lösungsviskosität von hydrolysiertem Polyäthylenterephthalat in 95,6%iger Schwefelsäure bei 20 °C im Kapillarviskosimeter in Abhängigkeit von der Konzentration des Polyesters

c_{PA} %	$c_{PÄT}$ %	c_{PA} g/dl	$c_{PÄT}$ g/dl	η_{rel}
90	10	0,45	0,05	1,0015
80	20	0,40	0,10	1,003
70	30	0,35	0,15	1,0045
60	40	0,30	0,20	1,006
50	50	0,25	0,25	1,0075
40	60	0,20	0,30	1,009
30	70	0,15	0,35	1,0105
20	80	0,10	0,40	1,012
10	90	0,05	0,45	1,0135

Die rel. Lösungsviskosität des Polyamids für die Umrechnung auf die Konzentration von 0,5 g/dl folgt aus

$$\eta_{rel\,c_1} = \frac{t_{Lsg}}{t_{korr\,H_2SO_4}}; \qquad (11)$$

t_{Lsg} = Durchlaufzeit der Lösung,

Die Anwendung von (11) hat gezeigt, daß beim gemeinsamen Verarbeiten von Polycaprolactam- und Polyäthylenterephthalatschmelze die Polyamidkomponente nicht in ihrem normalen Nachpolykondensationsverhalten beeinflußt wird.

Wir danken Frau *Jaeckel* für die sorgfältige Durchführung der Viskositätsmessungen und Herrn Dipl.-Physiker *B. Schilling* für die Aufstellung des Rechenprogramms für Gleichung 9.

Dem VEB Chemiefaserkombinat Schwarza „Wilhelm Pieck" in Rudolstadt danken wir für die materielle Förderung dieser Arbeiten.

6. Literatur

[1] *Dietrich, K.*, und *Tolsdorf, S.:* Verbundwerkstoff-Fäden aus Schmelzedispersionen organischer Hochpolymerer. Faserforsch. u. Textiltechnik **21** (1971) S. 295—304.

[2] *Berger, R.:* Beitrag zur Lösungsvikosität. III. Über die Abhängigkeit der Hugginsschen Viskositätskonstanten und analoger Konstanten vom Molekulargewicht, Molekulargewichtsverteilung, Verzweigung und Schergefälle. Eine Literaturauswertung. Plaste und Kautschuk **14** (1967) S. 11—14.

[3] *Shultz, A. R.:* Miscibility limitations in polymer solvent and polymer-polymer-systems. Polymer Preprints **8** (1967) 2, S. 1455—1460.
Shultz, A. R.: Thermodynamic aspects of polymer mixing. Forschungsbericht Nr. 67-C-072 des General Electric Research and Development Center, März 1967.

[4] *Kuhn, R.*, *Cantow, H.-J.*, und *Burchard, W.:* Zur Unverträglichkeit von Polymergemischen. Angew. makromol. Chemie **2** (1968) S. 146—156.

[5] *Friese, K.:* Verträglichkeit und Kombinierbarkeit von polaren Hochpolymeren untereinander. Plaste u. Kautschuk **15** (1968) S. 646—650.

[6] *Böhmer, B.*, *Berek, D.*, und *Florian, Š.:* On the possibility of estimating polymer compalibility from viscosity measurements of ternary systems polymer-polymer-solvent. European Polymer J. **6** (1970) S. 471—478.

[7] *Gul', V. E.*, *Penskaja, E. A.*, *Kuleznev, V. N.*, und *Arutjunova, S. G.:* Über die Beurteilung der gegenseitigen Verträglichkeit von Polymeren. Dokl. Akad. Nauk. SSSR (Ber. Akad. Wiss. UdSSR) **160** (1965) 1, S. 154—157.

[8] *Feldmann, D.*, und *Rusu, M.:* Studies on polyvinylchloride compatibility with other polymers. European Polymer J. **6** (1970) S. 627—633.

[9] *Vasile, C.*, und *Schneider, I. A.:* Über die Auswertung viskosimetrischer Messungen für Polymer/Polymer-Lösungsmittel-Systeme. Makromol. Chemie **141** (1971) S. 127—144.

[10] *Krigbaum, W. R.*, und *Wall, F. T.:* Viskositäten von binären Polymermischungen. J. Polymer Sci. **5** (1950) S. 505—514.

[11] *Cragg, L. H.*, and *Bigelow, C. C.:* The viscosity slope constante K'-ternary systems: Polymer-polymer-solvent. J. Polymer Sci. **16** (1955) S. 177—191.

[12] *Rafler, G.*, und *Reinisch, G.:* Viskositätsverhalten von Polycaprolactam in Phenol/Tetrachloräthan-Gemischen. Faserforsch. u. Textiltechnik **21** (1970) S. 91—93.

[13] *Reinisch, G.*, und *Dietrich, K.:* Zur Nachacylierung der Aminoendgruppen von Polycaprolactam. Faserforsch. u. Textiltechnik **21** (1970) S. 367—370.

[14] *Reinisch, G.:* Habilitationsschrift, Martin-Luther-Universität Halle—Wittenberg 1970/71.

[15] *Koepp, H. M.*, und *Werner, H.:* Endgruppenbestimmung und molekulare Verteilung bei Polyäthylenterephthalat. Makromol. Chemie **32** (1959) S. 79—89.

[16] *Langhammer, G.*, *Berger, R.*, und *Seide, H.:* Schnell-Viskosimeter und Hochtemperaturviskosimeter für die Molekulargewichtsbestimmung an sehr geringen Probemengen. Plaste und Kautschuk **11** (1964) S. 462—475.

[17] *Berlin, A. A.:* Über die Bestimmung der Grenzviskosität von Polymerlösungen. Vysokomol. Soed. (Hochmol. Verbind.) **8** (1966) S. 1336—1341; dt. in: Sowj. Beitr. Faserforsch. Textiltechnik **3** (1966) S. 631—634.

[18] Process for the preparing of blockpolymers of polyamide and polyester and of fibers there-from. Toyo Rayon Co. GBP 1141118 vom 16. 5. 1967.

[19] *Rafler, G.*, und *Reinisch, G.:* Zur Ermittlung von [η] für Polycaprolactame. Faserforsch. u. Textiltechnik **21** (1970) S. 412—415.

Eingegangen am 15. Mai 1972

Zur potentiometrischen Titration von Trithiocarbonat in Gegenwart anderer sulfidischer Anionen

Horst Dautzenberg, Burkart Philipp und Jürgen Schumann

Deutsche Akademie der Wissenschaften zu Berlin, Institut für Polymerenchemie in Teltow-Seehof, und VEB Filmfabrik Wolfen, Fotochemisches Kombinat

DK 547.494.3:543.257.1:547.494.254:661.728.8:677.021.123

Ausgehend von den möglichen Komplikationen bei der mercurimetrischen Fällungstitration des Trithiocarbonats in Gegenwart anderer sulfidischer Anionen wird über systematische Untersuchungen zur potentiometrischen Fällungstitration reiner Na_2CS_3-Lösungen wie auch von Lösungen berichtet, die außer Trithiocarbonat noch Sulfid, Dithiocarbonat, Perthiocarbonat und Xanthogenate enthalten, wobei vor allem der Einfluß einer Anoxydation der Lösungen berücksichtigt wird. Aus den erhaltenen Ergebnissen werden praktische Schlußfolgerungen für die Viskoseanalytik gezogen.

О потенциометрическом титровании тритиокарбоната в присутствии других анионов сульфидного характера

Исходя из возможных осложнений при меркуриметрическом титровании с осаждением тритиокарбоната в присутствии других сульфидных анионов проводились систематические исследования потенциометрического титрования с осаждением чистых растворов тритиокарбоната натрия и растворов, содержащих кроме тритиокарбоната сульфид, дитиокарбонат, пертиокарбонат и ксантогенаты. При этом учитывалось, прежде всего, влияние слабого окисления растворов. Из полученных результатов сделаны соответствующие выводы для практического проведения анализа вискозных растворов.

Potentiometric Titration of Thiocarbonate in the Presence of other Sulfidic Anions

The difficulties arising in the mercurimetric titration by precipitation of trithiocarbonate in the presence of other sulfidic anions are discussed. Systematic investigations on the potentiometric titration by precipitation of pure Na_2CS_3 solutions and solutions containing, besides trithiocarbonate, sulfide or dithiocarbonate, perthiocarbonate and xanthate are described, under particular consideration of the effect of a partial oxidation of the solution. Based on the results obtained, conclusions are drawn to the analysis of viscose.

1. *Einleitung und Zielstellung*

Zur Aufstellung einer Schwefelbilanz im Viskoseprozeß und der hierzu notwendigen Bestimmung der Viskosenebenprodukte wird oft eine potentiometrische Fällungstitration von Sulfid und Trithiocarbonat herangezogen, die in den vergangenen 30 Jahren Gegenstand zahlreicher Publikationen war [1 bis 15]. Hierbei führte einerseits die Diskussion der Titrationskurven zu Widersprüchen mit bisherigen Anschauungen und gab so Anlaß zu unkonventionellen und teilweise recht einseitigen Vorstellungen hinsichtlich der Viskosenebenprodukte, wie z. B. der Annahme von „Orthoverbindungen“ nach *Herrent* und *Inoff* [6], andererseits stellten Diskrepanzen beim Vergleich der routinemäßig erhaltenen potentiometrischen Ergebnisse mit denen anderer Methoden (Bestimmung von CS_2 und H_2S nach saurer Zersetzung [8], Spektralfotometrie [17, 18]) die Zuverlässigkeit der potentiometrischen Nebenproduktbestimmung immer wieder in Frage [19]. Auf Grund des in der Literatur behandelten Versuchsmaterials wie auch der eigenen reaktionskinetischen und reaktionsmechanistischen Arbeiten zur CS_2-Chemie des Viskoseprozesses sind Komplikationen im Titrationsverlauf in erster Linie durch folgende Faktoren zu erwarten:

a) Mitfällig anderer Anionen, die ebenfalls schwerlösliche Schwermetallsalze bilden;
b) oxydative Veränderungen der zu fällenden Ionen vor und während der Titration:
c) Folgereaktionen an den sulfidischen Fällungen.

Es war das Ziel der nachstehend zusammengefaßten Untersuchungen, den Einfluß dieser einzelnen Faktoren auf den Titrationsverlauf zu ermitteln und soweit als möglich zu deuten, um daraus Schlußfolgerungen für die potentiometrische Bestimmung der Viskosenebenprodukte zu ziehen.

2. *Bemerkungen zur Versuchsmethodik*

Nachdem bereits unsere früheren Untersuchungen [8, 11, 15] die Überlegenheit einer mercurimetrischen über die argentometrische Fällungstitration für Sulfid und Trithiocarbonat bewiesen hatten, benutzten wir als Meßelektrode grundsätzlich ein amalgamiertes Silberblech, als Gegenelektrode eine gesättigte Kalomelelektrode und als Maßlösung $m/10$ bzw. $m/100$ $HgCl_2$-Lösung. Für einige Vergleichsversuche wurde an einer Thalliumelektrode mit $m/100$ Tl_2SO_4 titriert, wobei wir jedoch mit Na_2S wie mit Na_2CS_3 keine auswertbaren Potentialsprünge erhielten. Die zu titrierenden sulfidischen Anionen wurden in wäßriger Na-acetat- bzw. NaOH-Lösung unterschiedlicher Konzentration vorgelegt. Die Titration erfolgte in einem mit Magnetrührer versehenen Titriergefäß, das gleichzeitig ein Arbeiten unter Luftzutritt oder unter N_2-Durchleiten durch die Lösung erlaubte. Die Maßlösung wurde aus einer Mikrobürette zugesetzt und der Potentialverlauf bei Raumtemperatur entweder unter schrittweisem Zusatz der Maßlösung von Hand mittels Röhrenvoltmeter (Typ 187, VEB Funkwerk Erfurt) aufgenommen (im folgenden als „manuelle“ Titration bezeichnet) oder unter kontinuierlicher Zugabe der $HgCl_2$-Lösung potentiographisch registriert (Potentiograph E 336 der Fa. Metrohm, Herisau/Schweiz).

Zur Erhöhung der Selektivität bei der Potentiometrie von Gemischen sulfidischer Anionen (Na_2S, Na_2CS_3, $Na_2S_2O_3$, K-äthylxanthogenat) vorgenommene Vergleichsuntersuchungen mit einer sulfidempfindlichen Membranelektrode (Radelkis OP-S-7111-c, Nr. 5032, VR Ungarn) ließen unter den hier angewandten Bedingungen keine Vorteile gegenüber der amalgamierten Ag-Elektrode erkennen und zeigten meist eine langsamere Potentialeinstellung und flachere Potentialsprünge, so daß auf eine Wiedergabe der Ergebnisse im folgenden verzichtet wird. Zur Herstellung der Lösungen von NaOH, Na-acetat, Na_2S und $Na_2S_2O_3$ dienten handelsübliche p.a.-Chemikalien. Na_2CS_3 wurde nach [20] bereitet. Na_2CS_2O

stellten wir durch Umsetzung von NaOH mit CS_2, K-äthylxanthogenat nach [21] und Na_2CS_4 nach [22] her. Zusammensetzung, Reifezustand und Herstellungsweise der von uns verwendeten Laborviskosen werden jeweils zusammen mit den Ergebnissen besprochen.

3. *Versuchsergebnisse und Auswertung*

3.1. *Potentiometrische Titration von Na_2CS_3-Lösungen in Abwesenheit anderer sulfidischer Anionen*

Bei der mercurimetrischen Fällungstitration sehr verdünnter (ca. 10^{-4} m) wäßriger Na_2CS_3-Lösungen wurden von uns grundsätzlich zwei Potentialsprünge bei ca. −430 mV und ca. −250 mV beobachtet (Bild 1), deren Reproduzierbarkeit mit einer Varianz von ±2,4 bzw. ±2,8% etwa gleich war (Tabelle 1). Der erste Sprung verlief besser ausgeprägt und steiler als der zweite und lag im allgemeinen bei etwa 85 bis 95% des bis zum zweiten Sprung erforderlichen Gesamtverbrauchs an Titriermittel, wenn eine frisch bereitete Na_2CS_3-Lösung bei pH = 13 titriert wurde. Eine Erhöhung der Na_2CS_3-Konzentration führte zu einer Verringerung der relativen Differenz im Titriermittelverbrauch und schließlich zu einem Verschmelzen der beiden Potentialsprünge zu einem einzigen, was wohl der Grund dafür ist, daß bei früheren eigenen Untersuchungen wie auch in den Arbeiten anderer Autoren diese Aufspaltung bisher nicht beobachtet wurde.

Der Einfluß der Titrationsgeschwindigkeit auf beide Verbrauchswerte erwies sich im Bereich zwischen 0,05 und 0,4 ml/min als sehr gering; nur bei sehr langsamer Titration (0,02 ml/min) vergrößerte sich die Differenz zwischen erstem und zweitem Potentialsprung bei gleichbleibendem Gesamtverbrauch. Auch zwischen manueller und potentiographischer Titration wurden keine signifikanten Unterschiede festgestellt.

Eine pH-Änderung im Titrationsmedium im Bereich zwischen pH = 13 und pH = 14 (Bild 2) beeinflußt den Titriermittelverbrauch bis zum ersten Sprung nur wenig und unsystematisch, ergibt dagegen einen deutlichen Anstieg des Verbrauches bis zum zweiten Sprung mit steigender NaOH-Konzentration, wenn ohne Durchleiten von N_2 titriert wird. Dieser Anstieg ist offensichtlich auf Folgereaktionen des durch Zersetzung von ausgefälltem $HgCS_3$ zu HgS und CS_2

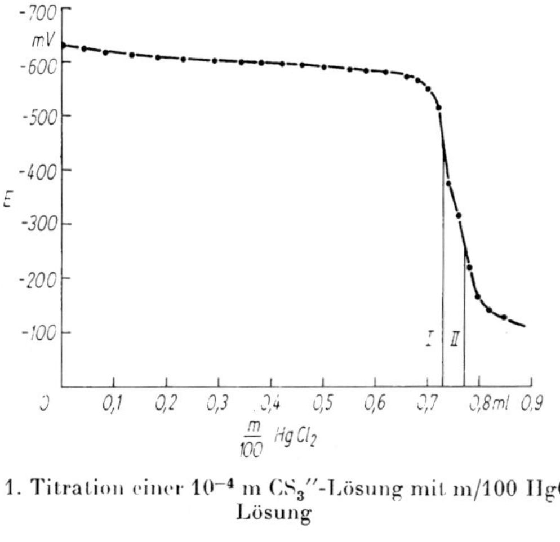

Bild 1. Titration einer 10^{-4} m CS_3''-Lösung mit m/100 $HgCl_2$-Lösung

Tabelle 1. Reproduzierbarkeit der Fällungstitration von 50 ml ≈ 10^{-4} m Na_2CS_3-Lösung mit m/100 $HgCl_2$-Lösung

Verbrauch in ml bis zum ersten Sprung	0,417 0,410 0,407, 0,410 0,411 ⌀ 0,411
Verbrauch in ml bis zum zweiten Sprung	0,470 0,462 0,457 0,461 0,459 ⌀ 0,462

freiwerdenden Schwefelkohlenstoffs zurückzuführen, indem diese Folgeprodukte (CS_2O'', S'', CS_3'') erneut $Hg^{\cdot\cdot}$-Ionen verbrauchen und so zu einer Erhöhung des Gesamtverbrauches an Titriermittel führen. Mit steigendem pH-Wert wächst die Geschwindigkeit dieser Folgereaktionen (vgl. [15]) im Einklang mit den Ergebnissen von Bild 2. Beim Durchleiten von N_2 wird der freiwerdende CS_2 aus der Lösung weggeführt und damit eine sekundäre Umsetzung zu CS_2O'' verhindert, wie ein Kontrollversuch bewies, bei dem der Gasstrom nach Passieren der Meßzelle durch äthylalkoholische KOH geleitet und hier ca. 80% der nach $HgCS_3 \rightarrow HgS + CS_2$ errechneten CS_2-Menge als Xanthogenat wiedergefunden wurde. Nach den im Bild 2 dargestellten Ergebnissen und nach weiteren Versuchsreihen zur Variation des Titrationsmediums hinsichtlich pH-Wert und Anion des Leitsalzes erwies sich eine Lösung von 0,1 n NaOH und 0,9 n Na-acetat als am günstigsten und wurde für alle folgenden Untersuchungen beibehalten. In diesem Medium wurden mit und ohne Durchleiten von N_2 praktisch gleiche Ergebnisse erzielt. Der Gesamtverbrauch bis zum zweiten Potentialsprung stimmt ausgezeichnet überein mit dem durch Mineralsäure freisetzbaren Gehalt an CS_2 bzw. H_2S („gasanalytische Bestimmung", vgl. [8]), wobei der CS_2-Wert geringfügig (ca. 2% relativ) über dem H_2S-Wert liegt (Bild 2) und üblicherweise zur Gehaltsbestimmung von Na_2CS_3 herangezogen wird. Im Vergleich hierzu erfolgt der erste Potentialsprung bei einem um ca. 10% niedrigeren Titriermittelverbrauch und würde somit, wenn man den durch Säurezersetzung gefundenen CS_2-Gehalt als

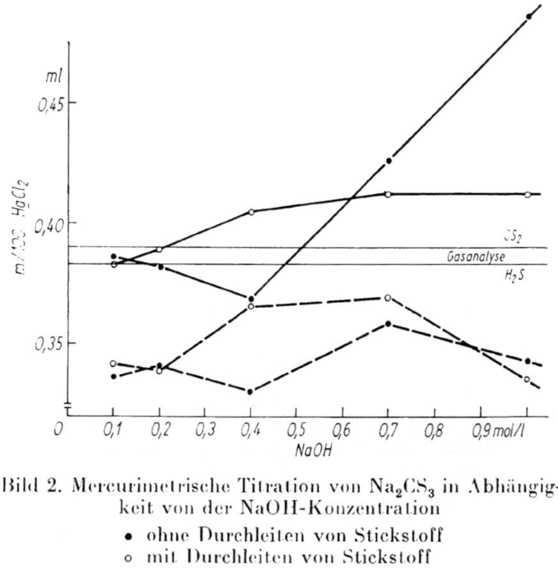

Bild 2. Mercurimetrische Titration von Na_2CS_3 in Abhängigkeit von der NaOH-Konzentration

• ohne Durchleiten von Stickstoff
○ mit Durchleiten von Stickstoff
- - - - 1. Sprung ——— 2. Sprung

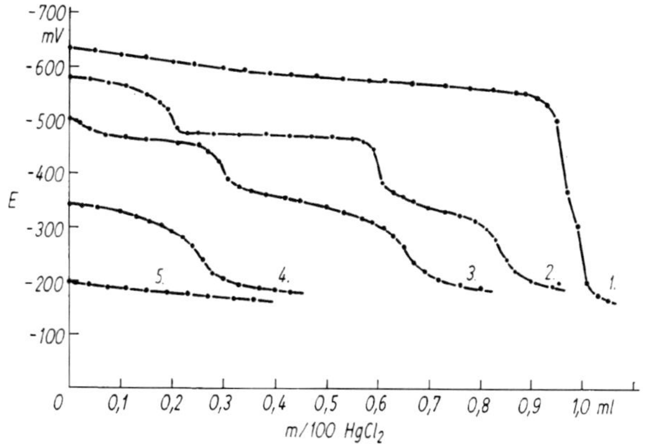

Bild 3. Änderung der mercurimetrischen Titrationskurve bei fortschreitender Oxydation einer Trithiocarbonatlösung bei 20 °C

Kurve 1: frische CS_3''-Lösung
Kurve 2: nach 30 Tagen
Kurve 3: nach 38 Tagen
Kurve 4: nach 41 Tagen
Kurve 5: nach 48 Tagen

„richtig" zugrunde legt, einen zu niedrigen Titrationswert liefern. Diese Feststellung gilt für ca. 10^{-4} m CS_3''- und m/100 $HgCl_2$-Lösung. Bei Erhöhung beider Konzentrationen um ca. eine Zehnerpotenz und damit Konstanthaltung des Gesamtverbrauchs verringert sich die Differenz zwischen beiden Sprüngen von ca. 10% auf 0 bis 5% des Titriermittelverbrauches. Während beim Aufbewahren einer ca. 10^{-2} m Na_2CS_3-Lösung unter N_2 im Verlaufe von ca. 80 h kaum eine Änderung im Titrationsverlauf eintritt, führt ein Stehenlassen unter Luftzutritt zu raschen und erheblichen oxydativen Veränderungen, die sich bei einer anschließenden potentiometrischen Titration in einem Absinken des Ausgangspotentials, einem abnehmenden Gesamtverbrauch, einer zunehmend größeren Differenz im Titriermittelverbrauch zwischen erstem und zweitem Sprung und schließlich einem Verschwinden zunächst des ersten und dann auch des zweiten Sprunges nach entsprechend starkem Absinken des Ausgangspotentials zeigen (Bild 3). Wir folgern hieraus, daß das zunächst unerwartete Auftreten zweier Potentialsprünge mit oxydativen Veränderungen der Lösung zusammenhängt.

3.2. Potentiometrische Titration von Na_2CS_3-Lösungen in Gegenwart anderer sulfidischer Anionen

In Gegenwart anderer sulfidischer, mit $HgCl_2$ schwer lösliche Niederschläge bildender Anionen ergibt sich als zusätzliches Problem die Frage nach der Unterscheidbarkeit der einzelnen Potentialsprünge und die Gefahr einer Mitfällung von Komponenten mit positiverem Fällungspotential schon bei wesentlich negativeren Potentialwerten.

In Betracht zu ziehen sind einerseits Sulfid und Dithiocarbonat, die im Vergleich zu CS_3'' bei negativeren Potentialwerten, d. h. im Titrationsverlauf vor dem Na_2CS_3 gefällt werden (vgl. [11]), andererseits Xanthogenat und Thiosulfat, deren Ausgangspotential positiver als das des Trithiocarbonats liegt und etwa mit dem zweiten Sprung des Na_2CS_3 zusammenfällt.

Tabelle 2. Ausgangspotentiale sulfidischer Anionen bei der mercurimetrischen Fällungstitration (m/100 $HgCl_2$ als Maßlösung)

Anion	E [mV]	Anion	E [mV]
Sulfid	−800	Perthiocarbonat	−650
Dithiocarbonat	−750	K-Äthylxanthat	−280
Trithiocarbonat, 1. Sprung	−600	Cellulosexanthat	−330
Trithiocarbonat, 2. Sprung	−350	Thiosulfat	−190

Tabelle 2 gibt eine Übersicht über die in Frage kommenden Ausgangspotentiale (10^{-4} molare Lösungen in 0,1 n NaOH + 0,9 n Na-acetat an der Hg/Ag-Elektrode vor Beginn des Potentialsprungs).

Bei diesen Ausgangspotentialen handelt es sich selbstverständlich nicht um elektrochemisch exakt definierte Größen, sondern um anschauliche Näherungswerte, die zur qualitativen Abschätzung der Trennbarkeit verschiedener sulfidischer Anionen bei der Fällungstitration geeignet sind.

Sulfid und Dithiocarbonat lassen sich potentiometrisch nicht zuverlässig trennen — Bild 4 zeigt ein besonders günstiges Beispiel — und werden vor allem bei manueller Titration nur als Summe in Form *eines* Potentialsprungs erfaßt. Auf Grund der Reaktionsfolge

$$CS_2O'' \xrightarrow{Hg^{\cdot\cdot}} HgCS_2O \rightarrow HgS + COS$$

$$\xrightarrow{OH'} HgS + CSO_2'' \rightarrow HgS + HgCSO_2 \rightarrow 2\,HgS + CO_2$$

wird dabei 1 mol Dithiocarbonat als 2 mol Sulfid erfaßt (vgl. Abschnitt 3.3).

In Gegenwart von Xanthogenat und/oder Thiosulfat kann nur der erste Potentialsprung des CS_3'' zur Bestimmung dieser Komponente herangezogen werden; der Differenzbetrag zwischen erstem und zweitem Sprung geht in den Titriermittelverbrauch für Xanthogenat bzw. Thiosulfat mit ein. Eine separate potentiometrische Bestimmung von S_2O_3'' ist nach Säurezersetzung der anderen sulfidischen Anionen und Austreiben von CS_2, COS und H_2S möglich [23]. Per-

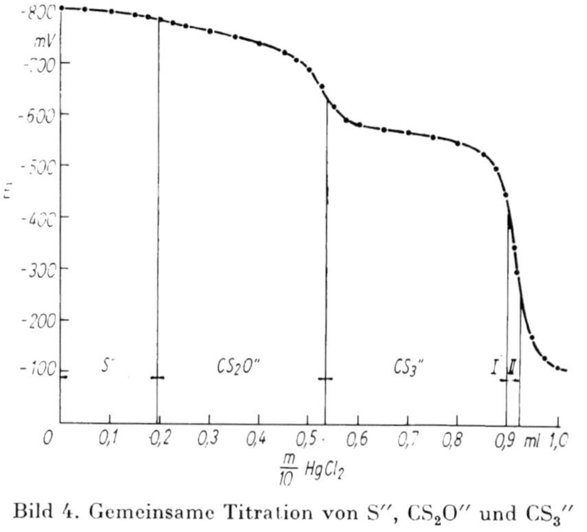

Bild 4. Gemeinsame Titration von S'', CS_2O'' und CS_3''

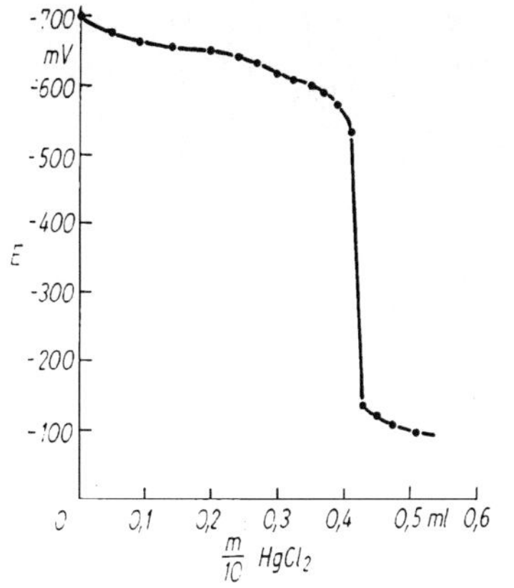

Bild 5. Mercurimetrische Titration von reiner Perthiocarbonatlösung

thiocarbonat wird entsprechend dem in Bild 5 gezeigten Titrationsverlauf bei der mercurimetrischen Fällung zusammen mit Trithiocarbonat erfaßt; über die analytische Trennung beider Anionen wird von uns an anderer Stelle [24] berichtet.

Eine Abschätzung möglicher Mitfällungen bei der Fällungstitration von Mehrkomponentengemischen erlauben die in Tabelle 3 zusammengefaßten, an Modellmischungen erhaltenen Ergebnisse. Generell stimmt der gemessene *Gesamt*verbrauch an $HgCl_2$-Lösung mit dem berechneten gut, d. h. innerhalb $\pm 4\%$ relativ überein. Bei der Titration von Sulfid in Gegenwart von CS_3'' muß mit einer gewissen, einen Fehler von maximal ca. 5% verursachenden Mitfällung von Trithiocarbonat gerechnet werden. Trithiocarbonat und K-äthylxanthat wie auch Trithiocarbonat und Thiosulfat lassen sich ohne vorzeitige Ausfällung der zweiten Komponente trennen. In Gegenwart größerer Mengen von Cellulosexanthogenat, wobei ebenfalls nur der erste Potentialsprung des CS_3'' zur Bestimmung dieser Komponente ausgewertet werden kann, ist dagegen mit einem bis zu etwa 10% erhöhten Titriermittelverbrauch bis zu diesem Sprung zu rechnen, wenn man eine reine Trithiocarbonatlösung gleicher Menge und Konzentration als Vergleich zugrunde legt. Bei der Bestimmung von Trithiocarbonat als für die Schwefelbilanz der Viskose wichtigstem Nebenprodukt können also auf Grund der Lage des Fällungspotentials *zwischen* Sulfid und Dithiocarbonat einerseits, Xanthogenat andererseits durch Mitfällung sowohl positive als auch negative Abweichungen von dem mit reiner Na_2CS_3-Lösung erhaltenen Vergleichswert auftreten, die sich gegebenenfalls weitgehend kompensieren.

3.3. Potentiometrische Bestimmung niedermolekularer sulfidischer Anionen in technischen Viskosen

In 0,1 n NaOH + 0,9 n Na-acetat als Titriermedium stehen für die zweckmäßigerweise unter N_2-Durchleiten und Rührung durchgeführte Titration zwei Potentialsprünge zur Auswertung zur Verfügung, nämlich der die Summe von Sulfid und Dithiocarbonat angebende bei ca. —650 mV und der erste Sprung des CS_3'' bei ca. —430 mV. Während beim Titrieren von 0,5 g Viskose in 50 ml Grundlösung mit m/10 $HgCl_2$ die Titriergeschwindigkeit im Bereich zwischen 0,03 und 0,3 ml/min ohne Einfluß auf das Ergebnis bleibt, spielt die Verdünnung der Viskose bei manueller Titration eine wesentliche Rolle (Tabelle 4).

Tabelle 3. Potentiometrische Bestimmung von S″ und CS_3'' neben anderen S-haltigen Verbindungen

0,05···0,1 m Stammlösungen	Angaben in ml m/10 $HgCl_2$-Lösung: S″	CS_3'' 1. Sprung	2. Sprung	KÄX	S_2O_3''
1 ml S″	0,632 (Gasanalyse 0,640)	—	—	—	—
1 ml CS_3''	—	0,715	0,735 (Gasanalyse 0,732)	—	—
1 ml KÄX	—	—	—	0,510	—
1 ml S_2O_3''	—	—	—	—	0,505 (jodometrisch 0,500)
1 ml S″ + 1 ml CS_3'' + 1 ml KÄX	0,67	1,373	—	1,896	—
1 ml CS_3'' + 1 ml S_2O_3''	—	0,712	—	—	1,246

Tabelle 4. Titration einer normalen Betriebsviskose bei unterschiedlicher Verdünnung (Angaben in ml m/10 $HgCl_2$ für 2 g Viskose)

Viskoseprobe	Titriermethode	Potentialsprung	Verdünnung 1:20	1:50	1:100	1:200
I	potentiometrisch	Sulfidsprung	—	0,56	0,53	0,51
		CS_3''-Sprung	—	1,71	1,63	1,65
	manuell	Sulfidsprung	—	0,78	0,60	0,55
		CS_3''-Sprung	—	2,01	1,83	1,75
II	manuell	Sulfidsprung	1,34	1,02/0,70	0,64	
		CS_3''-Sprung	2,77	2,20/1,91	1,71	

Tabelle 5. Vergleich von potentiometrischer und gasanalytischer Bestimmung des Nebenproduktgehaltes

Viskose	Bestimmungs-methode	m mol S″ pro g Viskose	m mol CS_3'' pro g Viskose	$\Sigma S'' + CS_3''$
frisch	gasanalytisch	0,0268	0,0812	0,1080
	potentiometrisch			
	1:50 verdünnt	0,0315	0,0895	0,1210
	1:100 verdünnt	0,0260	0,0855	0,1115
abgereift	gasanalytisch	0,0208	0,1540	0,1748
	potentiometrisch			
	1:50 verdünnt	0,0210	0,1508	0,1718
	1:100 verdünnt	0,0198	0,1473	0,1671

Während bei potentiographischer Titration eine Verdünnung von 1:50 offensichtlich ausreicht, um unerwünschte Mitfällungen, vor allem von Cellulosexanthogenat, weitgehend zu vermeiden, muß bei manueller Titration auf mindestens 1:100 bzw. 1:200 verdünnt werden, um eine unreproduzierbare Ausfällung von Cellulosexanthogenat (vgl. [9]) schon zu Beginn der Titration zu verhindern. Eine Gegenüberstellung potentiometrischer Ergebnisse zur Bestimmung der Viskosenebenprodukte und der anderer Methoden soll anhand der folgenden Tabellen 5 und 6 vorgenommen werden. Als Vergleichsmethode bietet sich zunächst einmal die Bestimmung von H_2S und CS_2 nach saurer Zersetzung der Viskose, gekoppelt mit der entsprechenden CS_2-Bestimmung im Reinxanthat an, wobei diese „gasanalytische" (vgl. [8]) Ermittlung des Nebenproduktgehaltes ein Differenzverfahren darstellt und daher eine sehr sorgfältige Arbeitsweise erfordert. Ergänzend herangezogen wurde eine spektralfotometrische Bestimmung des Trithiocarbonats [17, 18], die im Vergleich zur „gasanalytischen" Methode als zuverlässiger angesehen werden kann, und eine Bestimmung des bei saurer Zersetzung freiwerdenden COS als ungefähres Maß für den Gehalt an Dithiocarbonat.

Tabelle 5 faßt die an einer frischen und an einer weit abgereiften, mittels Durchleiten von Luft anoxydierten Viskose erhaltenen Ergebnisse zusammen.

Hinsichtlich des Einflusses der Verdünnung auf die Mitfällung von Cellulosexanthogenat vor allem bei hohem γ-Wert bestätigen die Ergebnisse das bereits Gesagte. Die gute Übereinstimmung von potentiometrisch und gasanalytisch ermitteltem Sulfidgehalt weist auf die weitgehende Abwesenheit von Dithiocarbonat hin (vgl. dagegen Tabelle 6). Im Einklang mit den in Bild 3 gezeigten Kurvenzügen führt eine Anoxydation der Viskose zu einer deutlichen Verringerung des potentiometrisch aus dem ersten CS_3''-Sprung erhaltenen im Vergleich zum gasanalytisch bestimmten Trithiocarbonatgehalt, wobei dieser „Minusfehler" infolge des niedrigen γ-Wertes bei der abgereiften Viskose fast gar nicht durch einen entsprechenden „Plusfehler" infolge Mitfällung von Xanthogenat kompensiert wird.

Tabelle 6. Änderung des Nebenproduktgehaltes von drei unterschiedlich hergestellten Viskosen während der Nachreife

Viskoseprobe	Reifedauer h	m mol Na_2S pro g Viskose		m mol Na_2CS_3 pro g Viskose		m mol COS pro g Viskose
		pot.	gasanal.	pot.	spektralphotometr.	
I	0	0,770	0,357	0,420	0,450	0,298
6,53% Cell	24	0,805	0,628	0,676	0,671	0,190
6,40% NaOH	48	0,819	0,635	0,913	0,882	0,200
	72	0,760	0,555	1,127	1,075	0,200
	96	0,670	0,469	1,312	1,243	0,205
	120	0,574	0,375	1,451	1,390	0,200
	168	0,400	0,232	1,640	1,584	0,185
	216	0,294	0,110	1,746	1,723	0,173
II	0	0,600	0,291	0,446	0,468	0,370
6,56% Cell	24	0,784	0,490	0,678	0,690	0,330
6,30% NaOH	72	0,606	0,448	1,100	1,092	0,295
	120	0,453	0,258	1,495	1,419	0,200
	168	0,330	0,098	1,854	1,631	0,145
III	0	1,163	0,534	—	0,551	0,250
6,31 %Cell	24	1,070	0,745	—	0,782	0,180
6,38% NaOH	72	0,888	0,731	1,081	1,094	0,155
	120	0,720	0,599	1,376	1,323	0,140
	168	0,580	0,436	1,535	1,506	0,125

In Tabelle 6 sind die von drei Laborviskosen gewonnenen Ergebnisse zusammengestellt, wobei Probe I unter völligem O_2-Ausschluß sulfidiert, gelöst und gereift wurde, Probe II unter Luftzutritt faserxanthogeniert und gelöst, aber unter O_2-Ausschluß gereift wurde, und Probe 3 eine unter O_2-Ausschluß hergestellte und gereifte Emulsionsviskose ist, und die Titration bei einer Verdünnung 1:100 mit m/10 $HgCl_2$ erfolgte.

Bemerkenswert ist hier die große Differenz zwischen potentiometrisch und gasanalytisch ermitteltem Sulfidgehalt, die näherungsweise der molaren Konzentration an freisetzbarem COS entspricht. Man kann daraus schließen, daß alle drei Viskoseansätze verhältnismäßig viel Dithiocarbonat enthielten, das bei der Fällungstitration gemeinsam mit Sulfid erfaßt wurde. Daneben muß eine gewisse Mitfällung von Cellulosexanthogenat bereits bei der Sulfidtitration in Betracht gezogen werden, zumal abspaltbares COS in Viskose nicht nur als Dithiocarbonat, sondern auch als COS-Xanthogenat vorliegt [25] und somit der gefundene COS-Gehalt sicher wesentlich größer als der Dithiocarbonatgehalt ist. Potentiometrisch und spektralfotometrisch bestimmter Trithiocarbonatgehalt stimmen für frische wie für abgereifte Viskoseproben gut überein, wobei offenbleiben muß, inwieweit diese Übereinstimmung mit einer Kompensation von „Minusfehlern" (Anoxidation) und „Plusfehlern" (Mitfällung von Xanthogenat) zusammenhängt.

4. Zusammenfassende Diskussion der Ergebnisse und Schlußfolgerungen für die Viskoseanalytik

Unsere Ergebnisse führen zu der zusammenfassenden Feststellung, daß die potentiometrische Fällungstitration der Viskosenebenprodukte mit $HgCl_2$ an einer Ag/Hg-Elektrode auch heute noch eine rationelle und aussagekräftige Routinemethode darstellt, dabei aber nicht kritiklos und allzu schematisch angewendet werden darf. Alle drei der eingangs genannten Faktoren — Mitfällung, Anoxydation und Folgereaktionen der Fällung — sind vor allem bei der Bestimmung des Trithiocarbonats als für die Bilanzierung des Nebenproduktschwefels wichtigste Komponenten zu berücksichtigen.

Der Einfluß von Folgereaktionen des durch Zersetzung von primär ausgefälltem $HgCS_3$ entstandenem CS_2 läßt sich durch Wahl eines geeigneten Titrationsmediums geringer Alkalität (pH ≈ 13) und mittels Durchleiten eines N_2-Stromes durch die Lösung während der Titration soweit verringern, daß er für Routinemessungen nicht mehr ins Gewicht fällt.

Mit einer Mitfällung anderer sulfidischer Anionen, vor allem von Cellulosexanthat, in den einzelnen Titrationsstufen ist grundsätzlich zu rechnen, wodurch für Sulfid stets zu hohe Werte erhalten werden, vor allem mit frischen Viskosen hohen γ-Wertes, während für Trithiocarbonat auf Grund der Lage des Fällungspotentials *zwischen* dem der anderen sulfidischen Komponenten sowohl positive als auch negative Fehler möglich sind, aber meist ein „Plusfehler" gefunden wird. Im System anwesendes Dithiocarbonat wird gemeinsam mit Sulfid erfaßt, eine zuverlässige potentiometrische Trennung beider Komponenten ist auf Grund des geringen Unterschieds im Ausgangspotential nicht möglich.

Abgesehen von dieser prinzipiellen Einschränkung der potentiometrischen Methode lassen sich unerwünschte Mitfällungen weitgehend herabsetzen durch Anwendung eines Potentiographen bzw. durch ausreichende Verdünnung der Viskose bei manueller Titration (Verdünnung 1:100 bis 1:200) sowie durch genügend starkes Rühren während der Titration, zweckmäßigerweise mittels N_2-Strom *und* Magnetrührer. Eine Abschätzung des bei Beachtung dieser Maßregeln noch infolge Mitfällung zu erwartenden Fehlers ergibt auf Basis unseres Versuchsmaterials Werte von etwa $\pm 6\%$ für den Verbrauch bis zum ersten Sprung des Trithiocarbonats.

Hinsichtlich des Einflusses oxydativer Veränderungen auf den Titrationsverlauf führen unsere hier dargestellten, wie auch die in anderem Zusammenhang erhaltenen Ergebnisse [26] zu dem Schluß, daß der Gehalt an Trithiocarbonat bereits durch den ersten Potentialsprung erfaßt wird, während der Titriermittelverbrauch zwischen erstem und zweitem „CS_3''-Sprung" offenbar auf eine bei positivem Potential erfolgende Fällung von Oxydationsprodukten zurückzuführen ist. Eine Identifizierung dieser Oxydationsprodukte war bisher nicht möglich; sicher ist jedoch, daß es sich nicht um Perthiocarbonat handelt, da dieses bei der Titration den gleichen Potentialverlauf zeigt wie Trithiocarbonat. Für die analytische Praxis folgt aus dieser Vorstellung, daß der in Gegenwart von Cellulosexanthat allein auswertbare „erste CS_3''-Sprung" den Gehalt an unverändertem Trithiocarbonat am ehesten richtig erfaßt und damit auch den CS_3''-Gehalt der Viskose am besten wiedergibt, wenn eine Oxydation während Vorbereitung und Durchführung der Titration soweit als möglich vermieden wird. Diesem Zwecke dient eine Entlüftung der Titrationslösung vor und ein Durchleiten von N_2 während der Titration, eine optimale, zur weitgehenden Vermeidung von Mitfällungserscheinungen eben ausreichende Verdünnung der Viskose sowie ein möglichst rasches Zusetzen der Maßlösung vor allem zu Beginn der Titration. Bei unter Luftzutritt abgereiften und dabei anoxydierten Viskosen ist grundsätzlich zu unterscheiden zwischen dem Gehalt an unverändertem CS_3'', der durch den „ersten CS_3''-Sprung" bzw. durch Spektralfotometrie bei 336 nm erhalten wird, und dem deutlich darüber liegenden Gehalt an durch saure Zersetzung abspaltbarem Nebenprodukt-CS_2, der zugleich dem Verbrauch an Titrationsmittel bis zum „zweiten CS_3''-Sprung" entspricht. Die sogenannte „gasanalytische CS_3''-Bestimmung" erfaßt somit gleichermaßen unverändertes Trithiocarbonat wie auch Zwischenstufen seiner Oxydation, sofern sie bei saurer Zersetzung noch CS_2 liefern, was vor allem bei abgereiften Viskosen zu beachten ist.

Unter Berücksichtigung aller hier dargelegten Zusammenhänge schlagen wir zur potentiometrischen Titration der Viskosenebenprodukte folgende *Arbeitsweise* vor:

Eine Einwaage von 1 g Viskose wird mit 100 ml einer gut mit N_2 entlüfteten Titrationsgrundlösung verdünnt, die 0,1 n an NaOH und 0,9 n an Natriumacetat ist. Unter Durchleiten von N_2 wird die Lösung mit Hilfe eines Rührers solange gerührt, bis sie völlig homogen ist. Anschließend wird aus einer Mikrobürette m/10 $HgCl_2$ als Maßlösung in kleinen Schritten zugesetzt, wobei auf jeden Fall eine plötzliche

Zugabe des Titriermittels vermieden werden muß. Als Elektrodenkombination dient amalgamiertes Ag-Blech gegen eine gesättigte Kalomelelektrode. Als Anzeigegerät läßt sich ein beliebiges Röhrenvoltmeter verwenden. Bei Annäherung an den ersten Potentialsprung, der etwa bei −600 mV liegt, wird die Maßlösung in Schritten von 0,02 ml zugegeben, bis der Sprung überschritten ist. Nach vorübergehender schneller Zugabe zur Ausfällung des Trithiocarbonats wird bei dem etwa um −400 mV liegenden 2. Potentialsprung in gleicher Weise verfahren. Nach Erfassung des vollständigen Sprungs wird die Titration abgebrochen. Zur Auswertung wird aus dem Verbrauch bis zum 1. Sprung der Gehalt an Sulfid und aus der Differenz im Verbrauch für den 1. und den 2. Sprung der Gehalt an Trithiocarbonat berechnet. Lassen sich die beiden Potentialsprünge nicht eindeutig auswerten, muß die Messung unbedingt wiederholt werden.

Literatur

[1] *Nejman, R. S., Kargin, V. A.*, und *Fokina, E. A.:* Über potentiometrische Messungen bei der Analyse von Viskoselösungen während des Reifens. Cellulosechemie **17** (1936) 2, S. 16−21.

[2] *Nejman, R. S., Kargin, V. A.*, und *Fokina, E. A.:* Anwendung der Potentiometrie zur Viskoseanalyse im Nachreifeprozeß. Prom. org. Chimii (Ind. Org. Chemie) **1** (1936) 10, S. 611−616.

[3] *Nejman, R. S., Kargin, V. A.*, und *Fokina, E. A.:* Anwendung der potentiometrischen Titration zur Analyse der Viskose im Nachreifeprozeß. Prom. org. Chimii (Ind. Org. Chemie) **3** (1937) 8, S. 490−500.

[4] *Eckert, P.*, und *Hauan, R.:* Beiträge zur Kenntnis über Vorgänge bei der Viskosenachreife. Klepzigs Textil-Z. **41** (1938) S. 205−213.

[5] *Herrent, P.*, und *Inoff, G.:* Potentiometric titration of viscose. J. Polymer Sci. **3** (1948) 4, S. 487−499.

[6] *Herrent, P.*, und *Inoff, G.:* Titration potentiométrique de la viscose. II. J. Polymer Sci. **3** (1948) S. 834−849.

[7] *Herrent, P.*, und *Inoff, G.:* Titration photométrique de la viskose. III. J. Polymer Sci. **5** (1950) S. 727−732.

[8] *Philipp, B.:* Zur Analytik von Viskoselösungen. Chem. Technik **8** (1956) S. 77−80.

[9] *Philipp, B.:* Potentiometrische Untersuchungen an Viskoselösungen. Faserforsch. u. Textiltechnik **5** (1954) S. 337−347.

[10] *du Rietz, G.:* Xanthate analysis by means of potentiometric titrations. Svensk. Kem. Tidskr. **69** (1957) S. 310 bis 327.

[11] *Philipp, B.*, und *Dautzenberg, H.:* Polarographische und potentiometrische Untersuchungen an Schwefelkohlenstoff und einigen seiner Derivate. Mb. dt. Akad. Wiss. Berlin **6** (1964) 2, S. 148−158.

[12] *Pakšver, A. B.*, und *Zavjalova, N. N.:* Die Bestimmung des Cellulosexanthogenats, des Ätznatrons und der Schwefelverbindungen in der Viskose. Iskusstv. Volokno (Kunstfasern) (1952) 1, S. 32−41.

[13] *Danilov, S. N., Gince, N. F.*, und *Okun, M. G.:* Die Chemie der Xanthogenate und der Viskose. IX. Feststellung von Polyschwefelverbindungen in der Viskose und ihre Rolle. Ž. obšč. Chimii (Z. allgem. Chemie) **28** (1958) 12, S. 3192−3202.

[14] *Philipp, B.*, und *Fichte, Ch.:* Kinetische Untersuchungen zur Zersetzung von Xanthogenaten. Faserforsch. u. Textiltechnik **11** (1960) S. 118−124; S. 172−179.

[15] *Philipp, B.:* Zur Kinetik der Umsetzung von Schwefelkohlenstoff mit Natronlauge. I. und II. Mitt. Faserforsch. u. Textiltechnik **6** (1955) S. 433−442; S. 509−520.

[16] *Tamele, M. W., Irvine, V. G.*, und *Ryland, L. B.:* Potentiometric determination of sulfide ions and the behavior of silver electrodes of extrem dilution. Analytic. Chem. **32** (1960) 8, S. 1002−1007.

[17] *Hovenkamp, S. G.:* Reaktionen im System Schwefelkohlenstoff-Natronlauge. Dissertation Delft 1965.

[18] *Schauenstein, E.*, und *Treiber, E.:* UV-Untersuchungen an Viskose. Spektralfotometrische Bestimmung von Xanthogenatschwefel und Trithiocarbonat. Melliand Textilber. **32** (1951) S. 43−47.

[19] *Churgina, R. A.*, und *Pakšver, A. B.:* Getrennte Bestimmung des Natriumsulfids und Natriumtrithiocarbonats in Viskoselösungen. Chim. Colokna (Chem. Fasern) (1959) 2, S. 51−53.

[20] *Yeoman, E. W.:* Trithiocarbonates and perthiocarbonates. J. chem. Soc. London **119** (1921) S. 38−54.

[21] *Drawert, F., Reuther, K. H.*, und *Born, F.:* Über Xanthogenate von Alkoholen. Chem. Ber. **93** (1960) S. 3056 bis 3065.

[22] *Hunter, W. G.*, und *Hoff, M. E.:* Planning, experiments to increase research efficiency. Ind. engng. Chem. **59** (1967) S. 43−48.

[23] *Fichte, Ch.:* Kinetische Untersuchungen zur Zersetzung von Xanthogenaten. Dissertation TH Dresden 1959.

[24] *Dautzenberg, H., Philipp, B.*, und *Schumann, J.:* Zur Analytik oxydativ entstandener Viskosenebenprodukte. Faserforsch. u. Textiltechnik **23** (1972) 11 im Satz.

[25] *Philipp, B.:* Zur Frage des Auftretens von COS beim technischen Viskoseprozeß. 3. Mitt. Zur Viskoseanalytik. Faserforsch. u. Textiltechnik **6** (1955) 1, S. 13−19.

[26] bisher unveröffentlichte Ergebnisse.

Eingegangen am 2. Mai 1972

Zusammenhänge zwischen Feinstruktur und Eigenschaften von Polyamid 6

II. Röntgenmessungen an gereckten Fäden nach Behandlung mit Wasser oder mit wäßriger Phenollösung[1])

Luigi Polo-Friz, Vincenzo Rosi und Gianfranco Merani
Forschungszentrum der Chatillon S.p.A.

DK 677.494.675'126:677.021.125.3:677.818:677.014.872:677.014.845

Die Struktur von unterschiedlich gereckten Fäden aus Polyamid 6 verändert sich nach Behandlung mit Wasser von 90 °C sehr stark. Strukturveränderungen scheinen zumindest teilweise von der Struktur des Ausgangsmaterials abzuhängen, d. h. von der Koexistenz der pseudohexagonalen γ-Form und der monoklinen α-Form, und werden auf komplizierte Weise beeinflußt als bei Stoffen, in denen nur eine einzige kristalline Form vorliegt.
Bei Behandlung 3,4fach gereckter Fäden mit Wasser oder mit wäßriger Phenollösung bei 100 °C ändert sich die Intensität der Meridianreflexe des Röntgenstreudiagramms bei $2\theta = 11°$. Diese Veränderungen gestatten Rückschlüsse auf den Mechanismus und die Kinetik der strukturellen Umwandlungen.

Зависимости между тонкой структурой и свойствами полиамида-6

II. Рентгенографическое исследование вытянутых нитей после обработки водой или водным раствором фенола

В зависимости от степени вытяжки, структура полиамидных нитей в результате обработки водой при 90 °C, значительно изменяется. Эти изменения, зависят по крайней мере, частично от структуры исходного материала, т. е. от одновременного существования псевдогексагональной γ-формы и моноклинной α-формы. В связи с этим, факторы влияющие на изменение структуры оказываются более сложными, чем в случае веществ состоящих лищь из одной кристаллической формы.
При обработке нитей с кратностью вытяжки равной 3, 4 водой или водным раствором фенола при 100 °C интенсивность меридиановых рефлексов рентгенограмм изменяется при $2\theta = 11°$. Эти изменения дают возможность получить информацию о механизме и кинетике структурных изменений.

Relationships between the Fine Structure and Properties of Polyamide 6

II. X-ray Investigations of Drawn Filaments Treated with Water or Aqueous Phenol Solutions

The structure of polyamide 6 filaments drawn to different degrees changes strongly on treatment with water at 90 °C. This change is supposed to depend, at least partly, on the initial structure characterised by the coexistence of the pseudohexagonal γ-form and the monoclinic α-form and is more intricately affected by this initial structure than with substances having only one crystalline form. The treatment of filaments drawn to 3.4 times of their original length with water or phenol solutions at 100 °C results in changes of the intensity of the meridial reflex $2\theta = 11°$ in the X-ray diagramme, which allows to draw conclusions to the mechanism and kinetics of the structural changes involved.

1. Einleitung

Über die Behandlung von Polyamidfäden mit Wasser und mit Phenollösung liegen ausführliche Literaturangaben vor. *Forward* [1, 2] war einer der ersten, die diese Einwirkungen an Polyamid 6.6 untersuchten. Der kinetische und thermodynamische Aspekt der Vorgänge wurde dann vor allem von *Sakuma* [3] und *Jacobs* [4] beschrieben. Ähnliche Untersuchungen an Polyamid 6 wurden von *Rath* [5] und neuerdings von *Rubin* [6] durchgeführt.

Wir haben im ersten Teil dieser Arbeit [7] bereits auf die Bedeutung der Meridianreflexe bei $2\theta = 11°$ und 21° für das Studium der durch die Einwirkung von Wasser und Phenollösung bedingten Strukturveränderungen hingewiesen. Im vorliegenden Teil der Arbeit werden Einzelheiten dieser Untersuchungen mitgeteilt, die sowohl den Mechanismus als auch die Kinetik dieser Umwandlungen betreffen.

2. Material und Versuchsdurchführung

Für die vorliegenden Untersuchungen wurde das gleiche Material verwendet wie für die vorhergehenden Versuche [7]. Die kaltgereckten Fäden aus Polyamid 6 mit unterschiedlichen Reckverhältnissen wurden bei 90 °C mit Wasser behandelt, um den früher beschriebenen Färbevorgang zu simulieren. Fäden mit einem Reckverhältnis von 3,4 wurden außerdem mit Wasser bzw. 4%iger wäßriger Phenollösung bei 100 °C behandelt, und zwar sowohl bei freiem Schrumpf als auch bei konstanter Länge des Fadens, was durch Aufwickeln auf einem geeigneten Objektträger erreicht wurde.

[1]) Teil I s. [7].

3. Meßmethoden

3.1. Die *Röntgenmessungen* wurden nach den bereits beschriebenen Methoden ausgeführt [7].

3.2. Zur Messung der Gesamtorientierung mit Hilfe des *dynamischen Schallmoduls* wurde ein „Modulus Uniformity Monitor" der Firma Morgan & Co., Cambridge, Mass., USA, angewandt. Die Versuche wurden bei einer Fadengeschwindigkeit von 3 m/min ausgeführt. Die Ergebnisse, die nach der Gleichung von *Ballou* und *Silverman* [8] ausgewertet wurden, sind in p/den angegeben.

3.3. Zur Durchführung der *thermomechanischen Analyse* wurde das Gerät der Firma Perkin/Elmer „TMS 1" mit einer Zusatzvorrichtung für Dehnungsversuche verwendet. Mit dieser Apparatur läßt sich der Schrumpf bzw. die Dehnung des Fadens in Abhängigkeit von der Temperatur kontinuierlich bestimmen.

3.4. Der *Restschrumpf* wurde durch Längenmessung vor und nach 30 min Eintauchen der Fäden in kochendes Wasser bestimmt und nach folgender Formel berechnet:

$$\text{Restschrumpf} = \frac{l_0 - l_f}{l_0} \cdot 100,$$

wobei l_0 = ursprüngliche Länge des Fadens,

l_f = Endlänge des Fadens.

bedeuten.

4. Ergebnisse und Diskussion

Die unter 3.2 und 3.3 angeführten Messungen wurden an Fäden vorgenommen, die 10 min lang mit Wasser bzw. Phenollösung bei 100 °C behandelt worden waren. Diese Behandlung wurde durchgeführt, um in den Fäden Strukturen zu erhalten, die dem Gleichgewicht nahekommen.

4.1. Behandlung der Fäden mit variablen Reckverhältnissen zum Simulieren des Färbevorganges

Im ersten Teil unseres Beitrages haben wir bereits erwähnt, daß Fäden, die mit unterschiedlichen Reckverhältnissen aus einer Spinnfadenpartie hergestellt wurden, bei Behandlungen, die den Färbevorgang simulieren, große Strukturveränderungen zeigen. Dabei geht aber bei konstanten Färbebedingungen der Zusammenhang mit der Anfärbbarkeit des Ausgangsmaterials nicht verloren. Die Intensität des Meridianreflexes bei 11° war in guter Übereinstimmung mit unseren Folgerungen, nicht aber das Ergebnis der Kleinwinkelmessungen, die innerhalb der experimentellen Fehlergrenze schwankten. In den Bildern 1 bis 4 sind die Ergebnisse der Messungen an Fäden in einem erweiterten Bereich von Reckverhältnissen unter den in Teil I beschriebenen Bedingungen dargestellt.

In Bestätigung unserer Voraussage nimmt die Intensität des Meridianreflexes bei $2\,\theta = 11°$ (Bild 1) sämtlicher untersuchter Proben mit steigendem Reckgrad merklich ab. Gleichzeitig erfährt die Intensität des Meridianreflexes bei $2\,\theta = 21°$ eine deutliche Zunahme, die durch die Zunahme des Anteils der α-Form in Zusammenhang mit der im Bild 1 sichtbaren Abnahme des Anteils der γ-Form bedingt ist.

Was die Kleinwinkelstreuung betrifft, so läßt sich eine merkliche Zunahme der Maximalintensität sowie ein gewisses Anwachsen der Langperiode gegenüber dem unbehandelten Material feststellen. Bei symbatem Verlauf der Kleinwinkel- und der Weitwinkelergebnisse ist die Steigung der ersteren, zumindest im Gebiet des Reckverhältnisses von etwa 3,5, geringer. Infolge der Schwankungen der Einzelwerte ist ein Zusammenhang mit der Anfärbbarkeit des Materials nicht zu erkennen. Ein ähnliches Verhalten kann man an warmgerecktem, sonst aber auf gleiche Weise behandeltem Material feststellen, nur daß in diesem Falle die Unterschiede zwischen unbehandelten und behandelten Fäden kleiner werden, da das Ausgangsmaterial infolge der Warmreckung bereits gewisse Umwandlungen erlitten hat, die den beim Simulieren des Färbevorganges auftretenden ähneln.

Die Intensitätsmessungen am Kleinwinkeldiagramm der bei 90 °C mit Wasser behandelten Fäden (Bild 3) zeigen einen symbaten Verlauf mit den Intensitätskurven des Weitwinkelreflexes bei $2\,\theta = 11°$ des unbehandelten Materials (Bild 1). Dieser Umstand kann möglicherweise sehr wichtig sein, da er beweisen würde, daß die Umwandlung der Überstruktur zumindest in gewissem Grade von der Struktur des Ausgangsmaterials abhängt. Im Falle des Polyamid 6 würde dieses Verhalten in Anbetracht der Koexistenz der pseudohexagonalen und der monoklinen Form von besonderer Bedeutung sein. Daraus ist zu erkennen, wie leicht man infolge der verwickelten Struktur des Ausgangsmaterials nach Behandlungen dieser Art zu

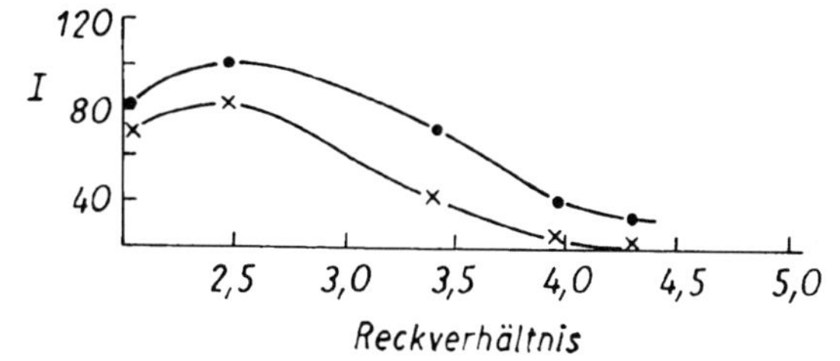

Bild 1. Abhängigkeit der Intensität des Meridianreflexes bei $2\theta = 11°$ der kaltgereckten Polyamidfäden vom Reckverhältnis (RV) bei variabler Endfeinheit (dtex 44/10 bei RV = 3,4)
• = unbehandelte Proben
× = nach Behandlung mit Wasser bei 90 °C

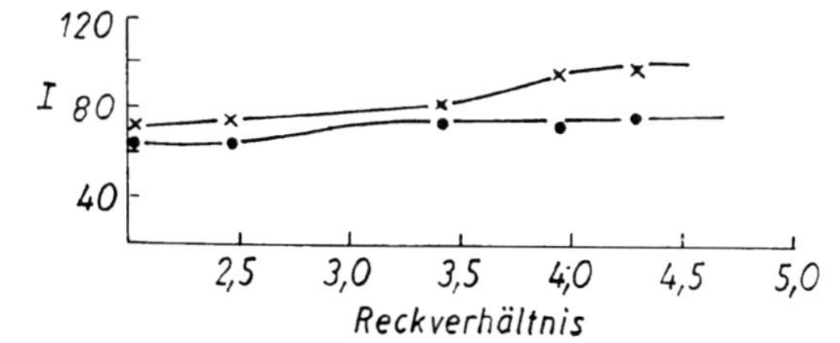

Bild 2. Abhängigkeit der Intensität des Meridianreflexes bei $2\theta = 21°$ der kaltgereckten Polyamid-6-Fäden vom Reckverhältnis (RV) bei variabler Endfeinheit (dtex = 44/10 bei RV = 3,4)
• = Unbehandelte Proben
× = nach Behandlung mit Wasser bei 90 °C

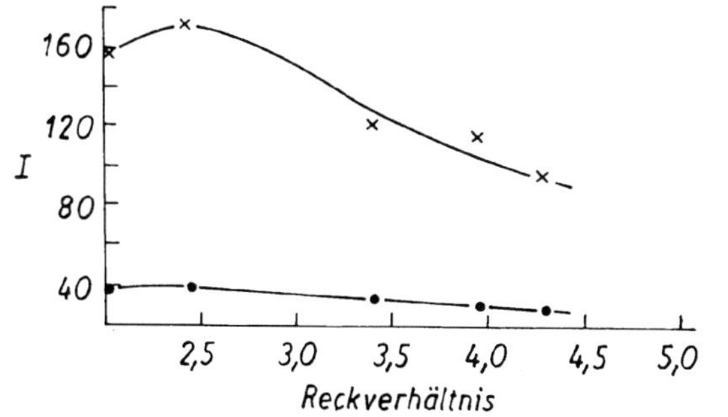

Bild 3. Abhängigkeit der Intensität der Kleinwinkelstreuung der kaltgereckten Polyamid-6-Fäden vom Reckverhältnis (RV) bei variabler Endfeinheit (dtex 44/10 bei RV 3,4)
• = unbehandelte Proben
× = nach Behandlung mit Wasser bei 90 °C

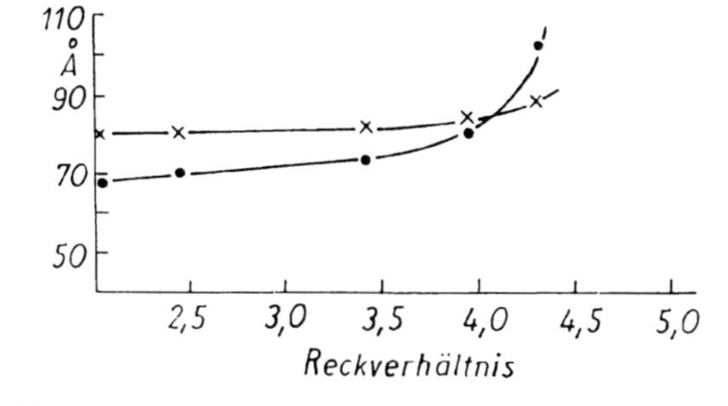

Bild 4. Abhängigkeit der Langperiode der kaltgereckten Polyamid-6-Fäden vom Reckverhältnis (RV) bei variabler Endfeinheit
• = unbehandelte Proben
× = nach Behandlung mit Wasser von 90 °C

oberflächlichen Deutungen des Mechanismus der Strukturumwandlungen gelangen kann. Wir haben deshalb die im folgenden beschriebenen Versuche an Fäden ausgeführt, die bei einem einzigen Reckverhältnis (RV = 3,4) hergestellt wurden und so eine konstante Anfangsstruktur aufweisen.

4.2 Versuche bei freiem Schrumpf des Fadens

In den Bildern 5, 6 und 7 sind die meridionalen Röntgenstreukurven der gereckten Polyamid-6-Fäden (dtex 44/10) in unbehandeltem Zustand sowie nach Behandlung mit Wasser bzw. mit wäßriger Phenollösung bei freiem Schrumpf dargestellt. Im Bild 7 ist das fast vollständige Verschwinden des Reflexes bei 11° im Vergleich zum unbehandelten Material sowie die merkliche Verstärkung des Reflexes bei 21° zu erkennen. Die entsprechende Behandlung mit Wasser (Bild 6) führt nur zu einem Zwischenzustand. Dies beweist den katalytischen Effekt des Phenols, der sich durch die Bildung von Wasserstoffbrücken zwischen dem Phenol und den Amidgruppen des Polymeren bemerkbar macht, wie bereits auf anderem Wege nachgewiesen wurde [5].

Bei der γ-α-Umwandlung erfolgt eine beträchtliche Abnahme der Reißfestigkeit, des Restschrumpfes und

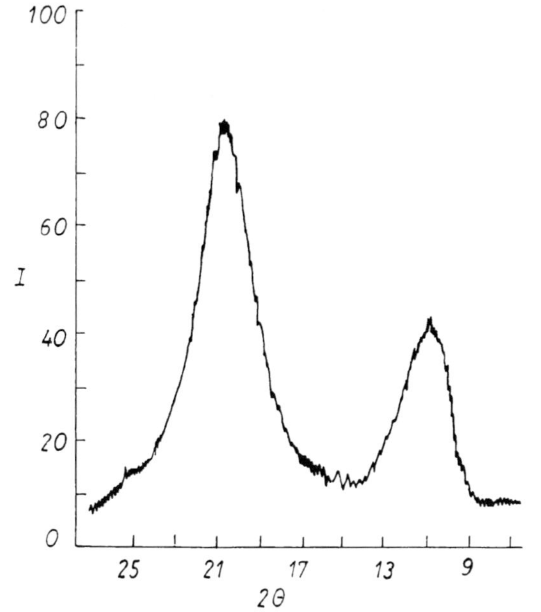

Bild 6. Diagramm der meridionalen Röntgenstreuung von gereckten Polyamid-6-Fäden nach Behandlung mit Wasser bei 100 °C

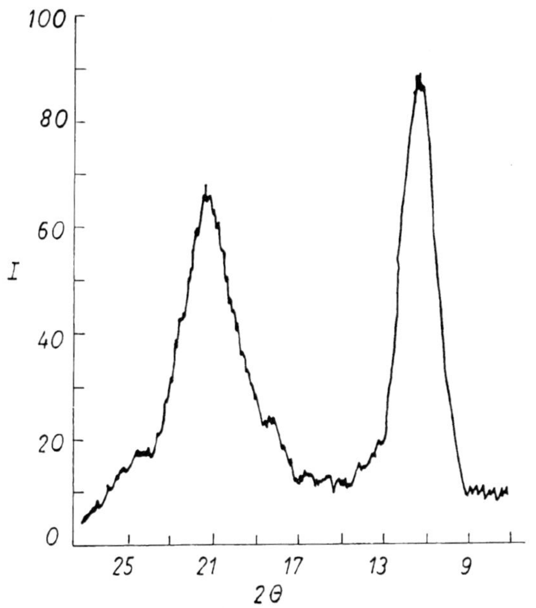

Bild 5. Diagramm der meridionalen Röntgenstreuung von gereckten Polyamid-6-Fäden

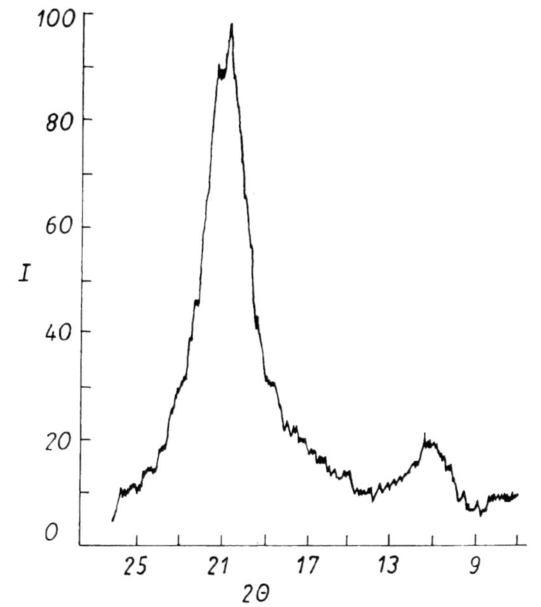

Bild 7. Diagramm der meridionalen Röntgenstreuung von gereckten Polyamid-6-Fäden nach Behandlung mit wäßriger Phenollösung bei 100 °C

Tabelle 1. Physikalische Eigenschaften von Polyamid-6-Fäden vor und nach Behandlung mit Wasser und mit wäßriger Phenollösung bei freiem Schrumpf

	Reißfestigkeit p/den	Reißdehnung %	Restschrumpf %	Dynamischer Schallmodul p/den	Kristallitorientierung* 180/α
Unbehandelt	4,9	51,8	10,5	56,7	9,3
Nach Behandlung mit Wasser	4,2	55,5	0,8	52,1	9,1
Nach Behandlung mit wäßriger Phenollösung	3,0	85,9	3,5	38,1	9,2

* durch Auswertung des paratropen Reflexes bei $2\Theta = 23°$

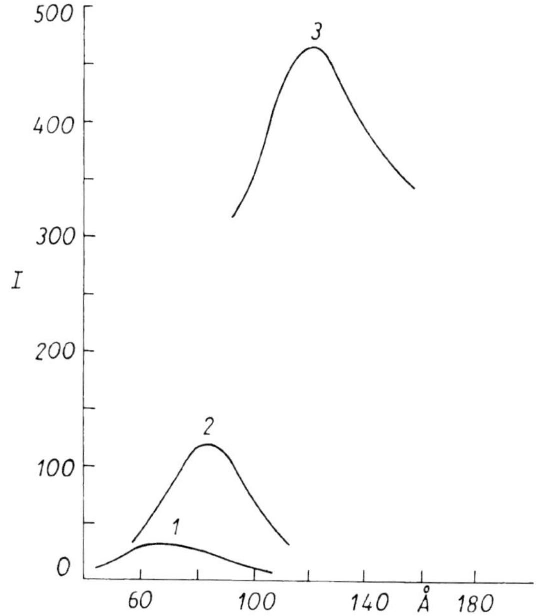

Bild 8. Änderung der Kleinwinkelstreuintensität und der Langperioden von gereckten Polyamid-6-Fäden, vor und nach der Behandlung bei freiem Schrumpf
1 = unbehandelt
2 = nach Behandlung mit Wasser bei 100 °C
3 = nach Behandlung mit wäßriger Phenollösung bei 100 °C

der aus dem Schallmodul bestimmten Gesamtorientierung bei gleichzeitiger Zunahme der Reißdehnung (vgl. Tabelle 1). Die Kristall-Orientierung der monoklinen Form bestimmt den Äquatorial-Reflex bei $2\,\theta = 23°$, er bleibt mehr oder weniger konstant.

Im Bild 8 sind die Ergebnisse der Kleinwinkeluntersuchungen dargestellt.

Bei der Behandlung, insbesondere mit wäßriger Phenollösung, nehmen die statistische Ordnung und die Langperiode bedeutend zu. Der Mechanismus entspricht dem für das klassische Anwachsen der Lamellendicke vorgeschlagenen [10]. Zur weiteren Veranschaulichung der Ergebnisse der Kleinwinkelstreuung sind im Bild 9 die entsprechenden Röntgendiagramme dargestellt, welche die schon diskutierten Ergebnisse bestätigen und außerdem einen merklichen Zuwachs der seitlichen Dimensionen der Lamellen, gemäß dem vorgeschlagenen Mechanismus, zeigen. Die beobachteten Strukturveränderungen weichen demnach merklich von den im Falle unterschiedlich gereckter Fäden auftretenden ab [7]. Dabei wurde gleichzeitig mit tiefgreifenden Veränderungen der Kristallstruktur ein progressives Verschwinden der lamellaren Struktur mit Zunahme des Reckverhältnisses gefunden.

Unter Berücksichtigung der Konstanz der Kristallitorientierung können auf Grund von Messungen des äquatorialen Reflexes bei $2\,\theta = 23°$ die angeführten Ergebnisse, insbesondere die Verminderung des Restschrumpfes, durch die Annahme erklärt werden, daß bei Einwirkung von Wasser und Phenol vorwiegend die pseudohexagonale Form zerfällt und in die monokline Modifikation umgewandelt wird. Ein Teil der Kettenmoleküle wird dabei desorientiert; gleichzeitig werden Ketten, die ursprünglich im ungeordneten bzw. geordneten kristallinen Gefüge vorlagen, zu Lamellen umgeordnet, die Störstellen der Strukturkontinuität darstellen. Auf diese Weise vermindert sich auch die durch die Schallmodulmessung bestimmte Gesamtorientierung, was in Übereinstimmung mit der Auffassung von *Dismore* und *Statton* [9] steht.

4.3. *Versuche bei behindertem Schrumpf des Fadens*

Die meridionale Röntgenstreukurve der bei konstanter Länge behandelten Fäden weicht in qualitativer Hinsicht nicht von den Streukurven der Fäden ab, die bei freiem Schrumpf behandelt wurden. Die in Tabelle 2 angeführten Zahlenwerte bestätigen dieses Verhalten, wenn auch die Veränderung der textilphysikalischen Eigenschaften in Übereinstimmung mit den Orientierungs- und Restschrumpfwerten verhältnismäßig gering ist.

Die Intensitätswerte der Streuungsmaxima und die aus den Kleinwinkelmessungen erhaltenen Langperioden (Bild 10) sowie die in den Filmaufnahmen (Bild 11) erkennbaren Einzelheiten unterscheiden sich nicht merklich von den an spannungsfrei behandelten Fäden beobachteten, wenn auch eine gewisse Verminderung der Streuintensität bei gleichem Glanzwinkel zu vermerken ist. Wie bei der Behandlung mit freiem Schrumpf ist auch im vorliegenden Falle eine merkliche Verbesserung der Überstruktur festzustellen.

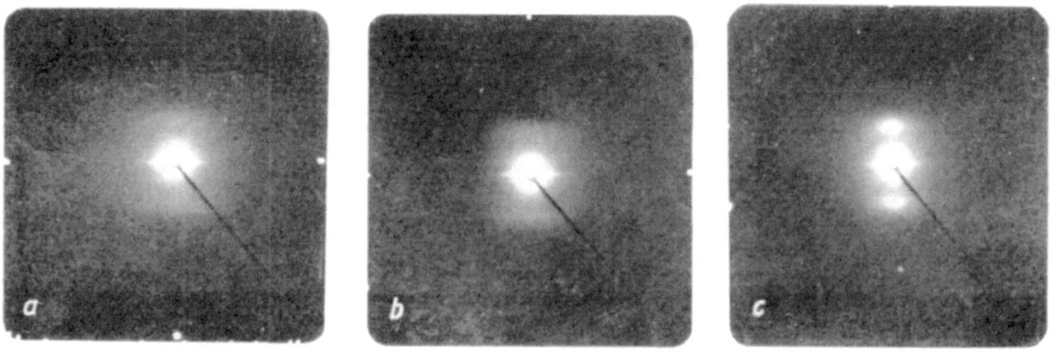

Bild 9. Diagramm der Röntgenkleinwinkelstreuung von gereckten Polyamid-6-Fäden
a = unbehandelt b = nach Behandlung mit Wasser von 100 °C bei freiem Schrumpf
c = nach Behandlung mit wäßriger 4%iger Phenollösung (100 °C) bei freiem Schrumpf

Tabelle 2. Physikalische Eigenschaften von Polyamid-6-Fäden vor und nach der Behandlung mit Wasser und mit wäßriger Phenollösung bei konstanter Länge des Fadens

	Reißfestigkeit p/den	Reißdehnung %	Restschrumpf %	Dynamischer Schallmodul p/den	Kristallitorientierung* 180/α
Unbehandelt	4,87	51,8	10,5	56,6	9,3
Nach Behandlung mit Wasser	4,44	39,5	2,9	53,4	11,2
Nach Behandlung mit wäßriger Phenollösung	4,23	40,4	5,1	41,5	11,4

* durch Auswertung des paratropen Reflexes bei $2\theta = 23°$

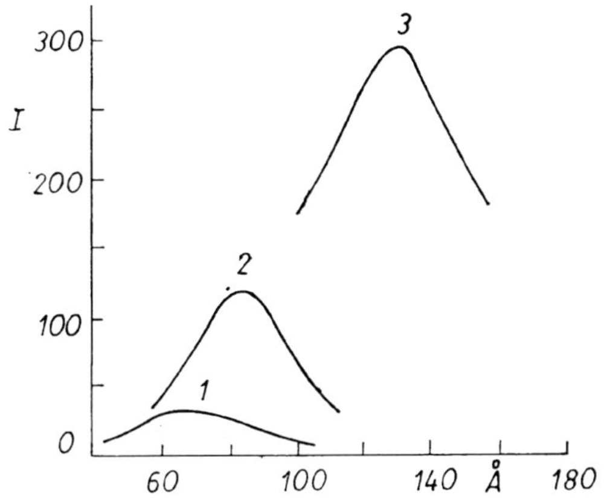

Bild 10. Änderung der Kleinwinkelstreumaxima und der Langperioden von gereckten Polyamid-6-Fäden vor und nach Behandlung bei verhindertem Schrumpf

1 = unbehandelt
2 = nach Behandlung mit Wasser bei 100 °C
3 = nach Behandlung mit wäßriger Phenollösung bei 100 °C

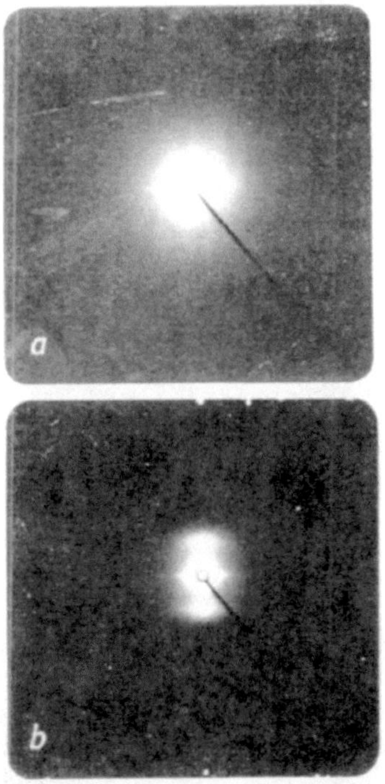

Bild 11. Diagramm der Röntgenkleinwinkelstreuung von gereckten Polyamid-6-Fäden

a = nach Behandlung mit Wasser von 100 °C bei verhindertem Schrumpf
b = nach Behandlung mit wäßriger 4%iger Phenollösung (100 °C) bei verhindertem Schrumpf

4.4. Kinetik der Einwirkung von Wasser bzw. von wäßriger Phenollösung

Behandlungen der hier beschriebenen Art besitzen einen zeitabhängigen Verlauf, der auch von der Temperatur und von anwesenden Katalysatoren beeinflußt wird. In den Bildern 12 und 13 sind der Intensitätsverlauf der Meridianreflexe bei $2\theta = 11°$ sowie der Restschrumpf in Abhängigkeit von der Behandlungsdauer unter verschiedenen Bedingungen dargestellt. Im Vergleich zum Einfluß von Wasser bewirkt wäßrige Phenollösung einen rascheren Intensitätsabfall der

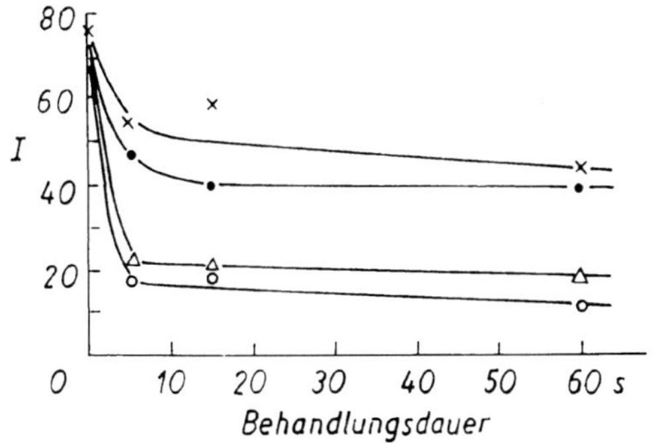

Bild 12. Abhängigkeit der Intensität der Meridianreflexe bei $2\theta = 11°$ von gereckten Polyamid-6-Fäden von der Dauer der Einwirkung von Wasser bzw. von wäßriger Phenollösung bei 100 °C

× = bei verhindertem Schrumpf in Wasser
• = bei freiem Schrumpf in Wasser
△ = bei verhindertem Schrumpf in wäßriger Phenollösung
⊙ = bei freiem Schrumpf in wäßriger Phenollösung

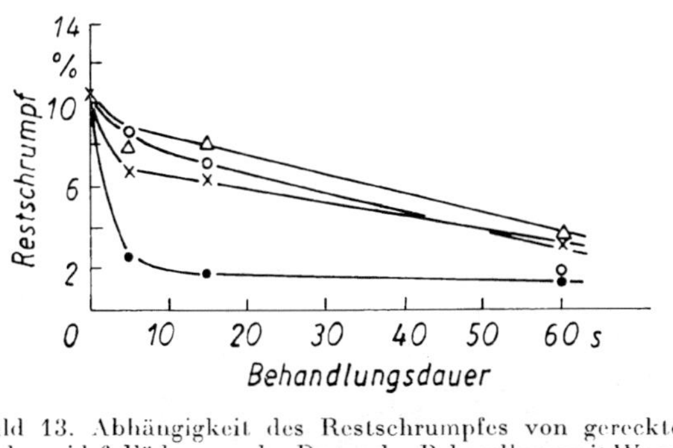

Bild 13. Abhängigkeit des Restschrumpfes von gereckten Polyamid-6-Fäden von der Dauer der Behandlung mit Wasser bzw. wäßriger Phenollösung bei 100 °C

× = bei verhindertem Schrumpf in Wasser
○ = bei freiem Schrumpf in Wasser
△ = bei verhindertem Schrumpf in wäßriger Phenollösung
⊙ = bei freiem Schrumpf in wäßriger Phenollösung

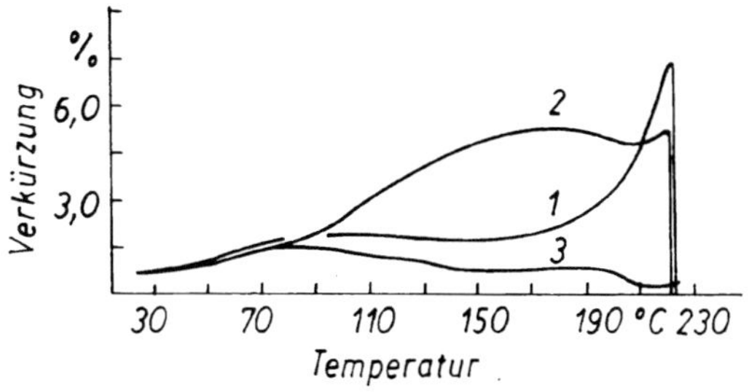

Bild 14. Gereckte Polyamid-6-Fäden nach unterschiedlicher Behandlung bei freiem Schrumpf. Messung der Verkürzung des Fadens mittels TMA

Heizgeschwindigkeit = 10 grd/min
Diagrammgeschwindigkeit = 1 cm/min
Meßbereich = 50^{-3} Zoll

1 = Behandlung mit Wasser von 100 °C für 10 min
2 = Behandlung mit 4%iger wäßriger Phenollösung von 100 °C für 10 min
3 = Wie Versuch 2 nach vollständiger Entfernung des Phenols

Röntgenreflexe und weit niedrigere Endwerte. Einen ganz anderen Verlauf zeigt der Restschrumpf, der zwar die Unterschiede bei Behandlung mit freiem bzw. behindertem Schrumpf bestätigt, jedoch bei Anwendung von heißem Wasser zu niedrigeren Endwerten strebt, als bei wäßriger Phenollösung gleicher Temperatur.

Dieses Verhalten läßt sich erklären, wenn man bedenkt, daß Phenol verhältnismäßig stark vom Polyamid 6 adsorbiert wird und bei Messung des Restschrumpfes in kochendem Wasser in der Faser verbleibt, falls es nicht — nach einem Vorschlag von *Rath* und *Groschopp* [5] — durch Extraktion mit Lösungsmitteln oder auf chemischem Wege entfernt worden ist. In unseren Versuchen wurde ausnahmslos die Anwesenheit des Phenols mit Hilfe der von den erwähnten Autoren angegebenen Methode bestätigt. Die katalytische Wirkung des Phenols verfälscht die Meßwerte des Restschrumpfes. Nach vollständiger Entfernung des Phenols aus der Probe liegen die Meßwerte auf der gleichen Kurve, die man für die wasserbehandelten Proben erhält. Zur Bestätigung dieses Sachverhaltes sind in Bild 14 die mit Hilfe des thermomechanischen Analysators (TMA) aufgenommenen Kurven dargestellt. Diese Kurven sind denjenigen ähnlich, die man bei programmierter Temperaturabtastung erhält. Die mit wäßriger Phenollösung behandelten und von Phenol nicht befreiten Proben verhalten sich ganz anders als das gleiche Material nach Entfernung des Phenols. Dieser Umstand erklärt sowohl die in den Zeitkurven beobachteten Widersprüche als auch den scheinbar anomalen Verlauf der Restschrumpfwerte in Tabelle 1 und 2. Auf diese Weise werden die gleichen Ergebnisse erhalten wie bei den Röntgenmessungen, die unbeeinflußt von fremden Einwirkungen die Strukturveränderungen anzeigen.

Literatur

[1] *Forward, H. V.*, und *Palmer, H. J.*: Textile Inst. **41** (1950) S. T 267—T 268.
[2] *Forward, M. V.*, und *Palmer, H. J.*: The influence of heat and of swelling agents on 66 nylon yarn. Part I: General experiments on length equilibria. J. Textile Inst. **45** (1954) S. T 510—T 538.
[3] *Sakuma, Y.*, und *Rebenfeld, L.*: Properties and structure of nylon fibers in relation to drawing and aqueous phenol treatments. J. appl. Polymer Sci. **10** (1966) S. 637—652.
[4] *Jacobs, M. I.*, *Rebenfeld, L.*, und *Taylor, H. S.*: Kinetics of contraction of drawn nylon 66 in aqueous phenol. J. appl. Polymer Sci. **13** (1969) S. 427—436.
[5] *Rath, H.*, und *Groschopp, H.*: Über die Einwirkung von Quellmitteln, insbesondere Phenol, auf Polyamid-Fasern (I). Textil-Praxis (1957) S. 904—908, 1026—1031.
[6] *Rubin, J.*, und *Andrews, R. D.*: Effect of solvent treatments on the mechanical properties of nylon 6. Polymer Engng Sci. **8** (1968) S. 302—309.
[7] *Polo-Friz, L.*, *Rosi, V.*, und *Merani, G.*: Zusammenhänge zwischen Feinstruktur und Eigenschaften von Polyamid 6. I. Röntgenmessungen an Faserstoffen in Abhängigkeit von der Reckung. Faserforsch. u. Textiltechnik **23** (1972) 8, S. 319—324.
[8] *Ballou, J. W.*, und *Silvermann, S.*: Determination of Young's modulus of elasticity for fibers and films by sound velocity measurements. Textile Res. J. **14** (1944) S. 282—292.
[9] *Dismore, F.*, und *Statton, W. O.*: Chain folding in oriented nylon 66 fibers. J. Polymer Sci., C: Polymer Symposia (1966) 13, S. 133—148.
[10] *Hess, K.*, und *Kiessig, H.*: Über Langperioden-Interferenzen bei synthetischen Fasern. Kolloid Z. **130** (1953) S. 10—19.

Eingegangen am 2. Mai 1972

Faserforschung und Textiltechnik 23 (1972) Heft 9

Zur Einschätzung der Aufladbarkeit von Textilien bei der Verarbeitung

Wilfried Löbel

Forschungsinstitut für Textiltechnologie in Karl-Marx-Stadt

DK 677.06:677.017.57:537.221:677.862.517.1

Der Einschätzung des elektrostatischen Verhaltens von Textilien bei der Verarbeitung wird eine Beziehung zugrunde gelegt, wonach die Aufladung im wesentlichen vom Produkt des spezifischen elektrischen Widerstandes und der Verarbeitungsgeschwindigkeit abhängt. Aus dieser Beziehung werden Formeln für den geschwindigkeitsabhängigen Grenzwert des spezifischen elektrischen Widerstandes hergeleitet, bei dessen Unterschreitung störende elektrostatische Aufladungen mit Sicherheit nicht auftreten. Die Angaben betreffen die Verarbeitung von Flächengebilden, Vliesen, Bändern, Fadenscharen und Einzelfäden

К оценке электризуемости текстильных материалов в процессе переработки

В основу оценки электризуемости текстильных материалов в процессе переработки положена зависимость электризуемости, в основном, от произведения удельного электрического сопротивления на скорость при переработке. Исходя из этой зависимости выведены уравнения для зависящего от скорости переработки предельного значения удельного электрического сопротивления, ниже которого несомненно не наблюдается электризуемости. Приведенные данные относятся к переработке полотен, слоев волокон, лент, совокупности нитей и одиночных нитей.

Estimation of the Accumulation of Static Charges during the Processing of Textiles

The estimation of the electrostatic properties of textiles in processing is based on a relationship which describes the accumulation of static charges by the product of resistivity and processing speed. From this relationship equations are derived which express the limiting value of resistivity, depending on the processing speed, below which disturbing electrostatic charges are securely excluded. Experimental data were obtained with textile fabrics, fibre webs, slivers, filament assemblies and individual filaments.

1. Einleitung

Die Problematik der störungsfreien Verarbeitung synthetischer Fasern und Seiden in der Textilindustrie hängt bekanntlich sehr eng mit dem Problem der Beseitigung der statischen Elektrizität zusammen. Daher geht eine begründete Forderung der Textilindustrie an die Chemiefaserindustrie dahin, daß die Fasern hinreichend gute antistatische Eigenschaften aufweisen. Anderenfalls ist eine Verarbeitung, insbesondere in der Spinnerei, unmöglich. Dieses Problem ist heutzutage technisch befriedigend gelöst. Bekanntlich finden hierzu oberflächenaktive Substanzen, sog. Tenside, Anwendung, die in dünner Schicht auf die Faseroberfläche aufgetragen werden.

Wenn hin und wieder in Einzelfällen in der Textilindustrie trotzdem noch elektrostatisch bedingte Verarbeitungsschwierigkeiten auftreten, dann liegt das unter anderem mit daran, daß das System zur Kontrolle dieser für die Verarbeitung so sehr wichtigen Fasereigenschaften bisher noch bestimmte Lücken aufweist, und daß auch die bereits vorliegenden Prüfverfahren in der Industrie mitunter noch nicht genügend bekannt sind. Die vorliegende Arbeit soll zur Komplettierung dieses Systems, auch im Zusammenhang mit der Ausarbeitung eines Standards [1], beitragen, wobei insbesondere Erkenntnisse über antistatische Qualitätsanforderungen mitgeteilt werden, während hinsichtlich der Prüfverfahren auf bereits in der DDR vorliegende Standards Bezug genommen wird.

Dabei wird von der als gesichert geltenden Erkenntnis ausgegangen, daß der antistatische Effekt auf einem elektrischen Leiteffekt beruht, und daß dementsprechend die Prüftechnik im wesentlichen auf eine elektrische Widerstandsmessung zurückgeführt werden kann. Zur Begründung und Erläuterung dieses Sachverhaltes sei folgendes ausgeführt:

Elektrostatische Aufladung ist stets die Folge eines Kontakttrennungsprozesses zwischen Festkörpern bzw. einer Flüssigkeit und einem Festkörper. Dabei hängt der beispielsweise durch die Flächenladungsdichte charakterisierte Aufladungszustand eines über eine Maschine bewegten Materialflusses im wesentlich von folgenden voneinander unabhängigen Mechanismen ab:

- primäre Ladungstrennung im Augenblick der Kontakttrennung im mikroskopischen Bereich,
- Ladungsausgleich durch selbständige Gasentladung unmittelbar nach der Kontakttrennung,
- Ladungsrückstrom durch das aufgeladene Material zur Trennstelle.

Die primäre Ladungstrennung hängt von physikalischen Zuständen der Oberflächen, insbesondere vom Grenzflächenpotential der sich berührenden Materialien, und von der geometrischen Beschaffenheit der mikroskopischen Kontaktflächen ab.

Eine selbständige Gasentladung setzt unmittelbar nach der Ladungstrennung dann ein, wenn die durch die primäre Ladungstrennung zustande gekommene Feldstärke größer als die Durchschlagsfeldstärke der Luft ist. Dieser Mechanismus begrenzt die auf Flächen mögliche Aufladung auf einen Wert von maximal $2{,}7 \cdot 10^{-9}$ C/cm^2 und auf Fäden auf einen vom Durchmesser abhängigen Wert in der Größenordnung von 10^{-9} bis 10^{-10} C/cm [2][1]).

Der Rückstrom durch das aufgeladene Material hängt vom elektrischen Widerstand und von der Bewegungsgeschwindigkeit ab.

2. Theoretische Betrachtungen

Eine vereinfachte Beschreibung des physikalischen Sachverhaltes kann folgendermaßen vorgenommen werden[2]): Die auf der Oberfläche einer flächenhaften Materialbahn (Textilstoff, Papier, Folie) in Erscheinung tretende Ladungsdichte σ wird infolge des Rückstromes

[1]) Tatsächlich liegen die effektiv über eine größere Fläche oder Fadenlänge gemessenen mittleren Maximalwerte meist noch um eine Größenordnung niedriger.

[2]) Gründlichere Rechnungen finden sich bei *Medley* [3] und *Schumann* [4].

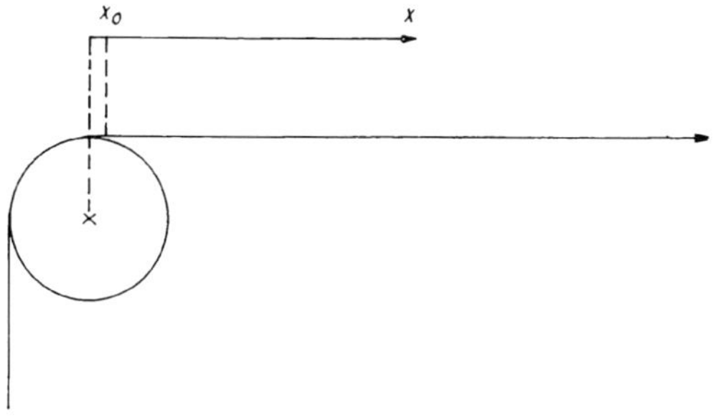

Bild 1. Schema für eine über eine Walze transportierte Warenbahn zur Herleitung der Aufladungsverhältnisse

sowohl vom spezifischen Flächenwiderstand ϱ_F als auch von der Transportgeschwindigkeit v abhängen.

Dabei kann folgende Bilanzgleichung für die elektrischen Ströme (siehe Bild 1) im stationären Zustand angesetzt werden:

$$i_T - i_R = i_\infty. \tag{1}$$

i_T ist der im Bereich nach der Kontakttrennung durch den Ladungstransport in Bewegungsrichtung auftretende „Transportstrom";
i_R ist der Ladungsrückstrom entgegen der Bewegungsrichtung des Bandes zur Trennstelle hin;
i_∞ ist die in größerer Entfernung von der Trennstelle infolge des Ladungstransportes in Bewegungsrichtung auftretende Stromstärke.

In allen Fällen soll es sich um die Stromdichte in der Fläche, d. h. um die Stromstärke in A pro 1 cm Bandbreite handeln.

Da alle Ströme in oder entgegengesetzt zur Bewegungsrichtung fließen, kann das Problem eindimensional betrachtet werden. Es gilt

$$i_T = \sigma(x)\, v,$$

$$i_R = \frac{E_x(x)}{\varrho_F},$$

$$i_\infty = \sigma_\infty v;$$

E_x = Feldstärkekomponente in der Bandebene (entgegen der Bewegungsrichtung);
ϱ_F = spezifischer Flächenwiderstand in Ω;
v = Bandgeschwindigkeit in cm/s;
σ = Oberflächenladungsdichte in $\mathrm{C/cm^2}$.
$i_T = \sigma(x)\, v$ verringert sich monoton von $i_{T0} = \sigma_0 v$ an der Stelle $x = x_0$ bis auf $i_\infty = \sigma_\infty v$, wobei oberhalb eines gewissen Abstandes von der Trennstelle σ als unabhängig von x angenommen wird, da keine Feldstärkekomponente in Bandebene mehr vorhanden ist.

Somit folgt aus (1)

$$\sigma(x)\, v - \frac{E_x(x)}{\varrho_F} = \sigma_\infty v. \tag{2}$$

Wenn man weiterhin entsprechend einem Vorschlag von *Gabel* und *Schön* [5] voraussetzt, daß die Feldstärkeverteilung und somit die Feldstärkekomponente E_x proportional zu σ_∞ ist, d. h. $E_x = a(x)\sigma_\infty/\varepsilon_0$, so ergibt sich für die Bilanzgleichung an der Stelle $x = x_0$ (Trennstelle)

$$\sigma_0 v - \frac{a_0}{\varepsilon_0 \varrho_F}\, \sigma_\infty = \sigma_\infty v. \tag{3}$$

$\varepsilon_0 = 10^{-13}$ C/Vcm (absolute Dielektrizitätskonstante);
σ_0 = die unmittelbar nach der Kontakttrennstelle vorhandene Anfangsladungsdichte, die in vielen Fällen der Praxis in der Größenordnung der durch Gasentladungsprozesse begrenzten Maximalladungsdichte liegt (ca. $10^{-9}\ \mathrm{C/cm^2}$).

Aus (3) folgt

$$\sigma_\infty = \frac{\sigma_0}{1 + \dfrac{a_0}{\varepsilon_0 \varrho_F v}}. \tag{4}$$

Zur Ermittlung von a_0 können experimentelle Untersuchungen von *Schumann* [4] an Folien und eigene Untersuchungen an textilen Stoffen [6] herangezogen werden.

Die Beziehung (4) wird im allgemeinen von den im Experiment ermittelten Daten relativ gut erfüllt. Werden jedoch Messungen an Stoffen mit unterschiedlicher geometrischer Oberflächenstruktur und mit unterschiedlichen chemischen Präparationen (Tensiden) durchgeführt, so können auch die Werte von σ_0 und a_0 unterschiedliche Beträge annehmen.

Bisher vorliegenden Ergebnissen zufolge liegen die Werte etwa in folgenden Bereichen:

$$\sigma_0 = 10^{-11} \text{ bis } 10^{-9}\ \mathrm{C/cm^2},$$

$$a_0 = 0{,}2 \text{ bis } 5.$$

Die Ursachen für den breiten Streubereich können vielfältiger Natur sein, wie beispielsweise sehr niedrige Grenzflächenpotentialdifferenz, eng benachbarte Aufladungszonen entgegengesetzter Polarität, weiterhin die Rauhigkeit und grobe Oberflächenstruktur von Textilmaterialien, so daß zwischen maximal aufgeladenen Zonen ungeladene Bereiche vorliegen. Außerdem können auch mikroskopische leitfähige Inseln auf Fasern auftreten, die bei der makroskopischen Bestimmung des Widerstandes nicht voll erfaßt werden, da sie gegeneinander isoliert, aber für die Entladung der primär getrennten Aufladung wirksam sind; denn diese Entladung durch den Rückstrom spielt sich in einem sehr kleinen Bereich nach der Kontakttrennung ab [3, 6].

Offensichtlich überlagern sich verschiedene Gesetzmäßigkeiten, so daß die Beziehung (4) nur eine grobe Näherung darstellt. Immerhin ermöglicht aber diese Beziehung unter Berücksichtigung bisher vorliegender experimenteller Ergebnisse die Angabe einer oberen Grenze für das Produkt $\varrho_F v$, die nicht überschritten werden darf, wenn Aufladungen mit Sicherheit ausgeschlossen werden sollen.

Wenn man dementsprechend für den ungünstigsten Fall (maximale Aufladbarkeit) für $\sigma_0 = 10^{-9}\ \mathrm{C/cm^2}$ und für $a_0 = 0{,}2$ ansetzt und weiterhin berücksichtigt, daß bisherigen Erfahrungen zufolge zur Vermeidung von Störungen im allgemeinen eine Begrenzung der

Aufladung auf 10^{-10} C/cm² ausreicht, so ergibt sich für die Verhinderung elektrostatischer Störungen bei Flächengebilden folgende Bedingung für das Produkt von ϱ_F und v:

$$\varrho_F v \leqq 2 \cdot 10^{11} \, \Omega\text{cm/s}. \tag{5}$$

Hieraus kann jeweils für die verschiedenen technologischen Prozesse ein geschwindigkeitsabhängiger Grenzwert für den spezifischen Flächenwiderstand abgeleitet werden. In der Praxis läuft das auf Forderungen an die antistatische Behandlung von Synthesefasern bzw. an eine hinreichende Luftbefeuchtung bei cellulosischen Fasern und Wollfasern hinaus. Für die praktische Anwendung dieser in den folgenden Abschnitten hergeleiteten Grenzwerte gilt dann entsprechend dem im vorangehenden dargestellten Sachverhalt und den bisher vorliegenden Erfahrungen, daß

- unterhalb des Grenzwertes Betriebsstörungen durch elektrostatische Aufladungen mit Sicherheit ausgeschlossen sind,
- bei Überschreitung des Grenzwertes um einen Faktor zwischen 1 und 10 Störungen noch relativ unwahrscheinlich sind,
- bei Überschreitung des Grenzwertes um einen Faktor $\geqq 1000$ hohe elektrostatische Aufladungen nahezu mit Sicherheit auftreten und dementsprechend auch Störungen zu erwarten sind.

3. *Festlegung der Grenzwerte des spezifischen Widerstandes bei der Verarbeitung von Fasermaterial und Textilien*

3.1. *Flächengebilde*

Für flächenförmige Warenbahnen, z. B. an Textilveredlungsmaschinen, Papiermaschinen und Folieverarbeitungsmaschinen, ergibt sich aus der Bedingung (5) für den Grenzwert des spezifischen Flächenwiderstandes $\varrho_{F\text{gr}}$

$$\varrho_{F\text{gr}} = \frac{200}{v}. \tag{6}$$

Dabei wird ϱ_F in GΩ ($= 10^9\,\Omega$) angegeben. ϱ_F wird in Klemmelektroden längs einer Strecke von 1 cm gemessen [7, 8] (Lieferfirma: VEB Statron, Fürstenwalde/Spree).

Bedingung (6) wird beispielsweise für ein Baumwollgewebe mittlerer Flächenmasse bei einer relativen Luftfeuchte von 60% ($\varrho_F \approx 2$ GΩ) bei einer Geschwindigkeit von 100 cm/s noch erfüllt. Mit handelsüblichen Antistatika sind auf Synthesefasergeweben bei normalen Klimaverhältnissen spezifische Widerstandswerte in der Größenordnung von 1 GΩ ohne weiteres erreichbar, so daß auch solche Stoffbahnen bei entsprechender antistatischer Ausrüstung mit hohen Geschwindigkeiten ohne elektrostatische Schwierigkeiten bewegt werden können. In den meisten Fällen sind aber die Stoffbahnen nach Temperaturbehandlungsprozessen stark ausgetrocknet und weisen einen wesentlich höheren Widerstand auf, so daß insbesondere an Trockenmaschinen Luftionisatoren zur Ladungsbegrenzung eingesetzt werden müssen.

3.2. *Faserbänder*

Für Faserbänder gelten im Prinzip gleichermaßen die bei Flächengebilden vorliegenden Verhältnisse. In diesem Fall ist jedoch eine Modifizierung der Beziehung (6) erforderlich, da nicht der spezifische Flächenwiderstand ϱ_F, sondern der spezifische Volumenwiderstand ϱ_V nach TGL 22061 Blatt 6, Entwurf Oktober 1971 [7] zur Charakterisierung des elektrostatischen Verhaltens benutzt wird.

ϱ_V wird in einer Meßzelle gemessen, in der sich das Fasermaterial in ungeordnetem Zustand zwischen zwei ebenen parallelen Elektrodenflächen befindet, die einen Abstand von 2 cm und jeweils eine Fläche von 30 cm² aufweisen. Der Meßraum ist zu 20% mit Fasermasse angefüllt [7, 8] (Lieferfirma: VEB Statron, Fürstenwalde/Spree).

Es gilt bekanntlich

$$\varrho_F = R\frac{b}{l} = \varrho_G b; \tag{7}$$

wenn R den gemessenen Widerstand, b die Breite und l die Länge der Probe, d. h. den freien Abstand zwischen den Meßelektroden darstellen, so ist ϱ_G der Widerstand pro Längeneinheit.

Aus (6) und (7) folgt für den Grenzwert des Widerstandes pro Längeneinheit

$$\varrho_{G_{\text{gr}}} = \frac{200}{bv}. \tag{8}$$

Um aus ϱ_G einen spezifischen Volumenwiderstand des Fasermaterials herzuleiten, der mit ϱ_L bezeichnet wird, kann die allgemeine Beziehung

$$R = \varrho_L \frac{l}{A}$$

angesetzt werden, wobei A den Gesamtquerschnitt der Fasersubstanz im Faden darstellt.

Unter Berücksichtigung der Faserstoffdichte d (g/cm³) und der Fadenfeinheit Tt (g/1000 m) ergibt sich hieraus die Beziehung

$$\varrho_G = \frac{10^5\, d}{Tt}\, \varrho_L. \tag{9}$$

Die Beziehung zwischen den in Meßzellen an Faservlies ermittelten Werten für ϱ_V und in Klemmelektroden ermittelten ϱ_L-Werten aus den daraus hergestellten Garnen wurde experimentell ermittelt als

$$\varrho_V = 10\varrho_L{}^{3)}. \tag{10}$$

Aus (8), (9) und (10) ergibt sich als Bedingung für den Grenzwert des spezifischen Volumenwiderstandes von Faserband

$$\varrho_{V_{\text{gr}}} = \frac{0{,}02\; Tt}{dvb}. \tag{11}$$

[3]) Die Ursache dafür, daß der spezifische Volumenwiderstand des Fasermaterials im Garn im allgemeinen eine Größenordnung kleiner ist als der spezifische Volumenwiderstand eines Faserbausches mit regellos angeordneten Fasern ist darin zu suchen, daß im Garn die Fasern gut parallelisiert sind und die Übergangswiderstände zwischen den Fasern durch größere Kontaktflächen niedriger sind als bei einer Faserwirrlage, wie sie bei der Messung in einer Flockemeßzelle vorliegt.

Wenn man die zur Zeit in der Praxis für die Verarbeitung von Fasern des Baumwolltyps üblichen Verhältnisse zugrunde legt, so ergeben sich beispielsweise aus der Bedingung (11) für die Strecke ein Grenzwert von 0,03 GΩcm ($b = 10$ cm, $v = 200$ cm/s, $Tt = 4000$ tex, $d = 1{,}5$ g/cm³) und für den Flyer ein Grenzwert von 0,3 GΩcm ($b = 0{,}5$ cm, $v = 40$ cm/s, $Tt = 5000$ tex).

Aus Tabelle 1 ist ersichtlich, daß bei 65% rel. Luftfeuchte für beide Fasertypen bei der Verarbeitung am Flyer mit Sicherheit keine störenden Aufladungen zu befürchten sind, während die Grenzwerte bei der Verarbeitung an der Strecke bei diesem Klimazustand praktisch schon überschritten sind. Daß trotzdem noch eine störungsfreie Verarbeitung möglich ist, liegt offenbar daran, daß an modernen Maschinen eine gute Bandführung gewährleistet ist, so daß die Einsatzschwelle der Störung bei höheren Ladungswerten liegt. Es ist jedoch offensichtlich, daß keine Reserven hinsichtlich einer weiteren Steigerung der Geschwindigkeit ohne gleichzeitige Realisierung anderer Maßnahmen (Erhöhung der rel. Luftfeuchte, Einsatz von Ionisatoren) mehr vorhanden sind, und daß bei relativ geringfügiger Verschlechterung der Bedingungen, insbesondere bei der Verarbeitung von Viskosefasern an Strecken, mit elektrostatischen Störungen gerechnet werden muß.

3.3. Faservliese

Bei der Vliesherstellung an Karden und Krempeln gilt im Prinzip gleichermaßen der durch Gleichung (4) charakterisierte Zusammenhang zwischen σ, ϱ_F und v und dementsprechend auch eine der daraus hergeleiteten Beziehung (11) analoge Gleichung. Da jedoch bei Vliesen auf Grund der völlig anderen Struktur die bei der Herleitung der Beziehung (11) benutzten Gleichungen (9) und (10) keine Gültigkeit besitzen, ergibt sich ein anderer Proportionalitätsfaktor, der empirisch ermittelt wurde.

Langjährige Erfahrungen besagen, daß bei einer Geschwindigkeit des abgelieferten Vlieses von ca. 50 cm/s, einer Flächenmasse von ca. 5 g/m² (= 5000 tex) und einer Vliesbreite von 100 cm mit Sicherheit elektrostatische Störungen ausgeschlossen sind, wenn ein spezifischer Grenzwiderstand $\varrho_{V_{gr}} = 0{,}1$ GΩcm nicht überschritten wird. Hieraus leitet sich folgende, für die Vliesherstellung geltende Beziehung für den spezifischen Grenzwiderstand ab:

$$\varrho_{V_{gr}} = \frac{0{,}1\ Tt}{d v b}. \qquad (12)$$

Auch für diese Beziehung gilt der bereits angeführte Sachverhalt, daß bei Überschreitung des Grenzwertes bis zum zehnfachen Betrag elektrostatische Verarbeitungsschwierigkeiten noch sehr unwahrscheinlich sind. Insbesondere ist zu berücksichtigen, daß die Einsatzschwelle einer Störung noch von Festigkeits- und Stabilitätseigenschaften eines Faserverbandes abhängt. Beispielsweise treten elektrostatische Verarbeitungsschwierigkeiten bei den groben und langen Wollfasertypen bei höheren Ladungsbeträgen und damit auch bei höheren Widerstandswerten auf als bei feinen Baumwolltypen, so daß in der Wollspinnerei der angegebene Grenzwert oftmals sogar um einen Faktor 100 überschritten wird, ohne daß signifikante Schwierigkeiten vorkommen.

Die spezifischen Widerstandswerte ϱ_V von natürlichen und Regeneratfaserstoffen sind in Tabelle 1 zusammengestellt. Es handelt sich um Durchschnittswerte; in der Praxis können die Werte im Bereich von ¹/₃ bis zum Dreifachen der angegebenen Beträge liegen. Aus diesen Werten leitet sich unter Berücksichtigung der Beziehung (12) die Vorschrift ab, daß je nach Technologie bei der Verarbeitung dieser Faserstoffe die Mindestwerte für die rel. Luftfeuchte in folgenden Bereichen liegen müssen:

Baumwolle	45···55%,
Viskose	55···65%,
Wolle	70···80%.

Die in Tabelle 1 zusammengestellten Werte gelten allgemein und werden nicht wesentlich von Textilhilfsmitteln beeinflußt. Für Synthesefasern trifft das nicht zu, so daß es nicht möglich ist, die Tabelle für Synthesefasern zu ergänzen und Mindestwerte für die rel. Luftfeuchte anzugeben. Bei Synthesefasern kann der ϱ_V-Wert je nach Behandlung mit Spinnpräparationen Beträge im Bereich von 0,001 bis 1000 GΩcm annehmen.

Da für die Verarbeitung von Wolle in der Spinnerei eine hohe rel. Luftfeuchte benötigt wird, ist eine gleichzeitige Verarbeitung synthetischer Fasern im gleichen Raum nicht ratsam, da bei diesen Fasern die hohe rel. Luftfeuchte infolge des veränderten Reibungs-Gleitverhaltens nachteilig sein kann.

Bei der Verarbeitung von Wolle in Mischung mit synthetischen Fasern werden vornehmlich die anteiligen Wollfasern auf Grund ihres meist höheren Widerstandes aufgeladen sein und können bestimmte Schwierigkeiten auslösen, wie z. B. Wickelbildung und erhöhten Faserabsatz. Oftmals wird in solchen Fällen die Aufladung als Ursache hierfür nicht erkannt, da sie bei einer Feldstärkemessung auf Grund der abschirmenden Wirkung des besser leitfähigen, nicht aufgeladenen Anteils synthetischer Fasern nicht in Erscheinung tritt.

Tabelle 1. Spezifischer Widerstand ϱ_V von natürlichen und Regeneratfasern in Abhängigkeit von der relativen Luftfeuchte in GΩ cm

Faserstoff	rel. Luftfeuchte in %						
	50	55	60	65	70	75	80
Baumwolle	1,5	0,5	0,25	0,1	0,04	0,02	0,01
Viskose	3,0	1,5	0,6	0,3	0,15	0,06	0,03
Wolle	1500	500	150	50	15	5	2

3.4. Schärbänder

Da es sich beim Schärband um relativ eng nebeneinander laufende Einzelfäden handelt, können zunächst hierauf die bei Flächengebilden vorliegenden Verhältnisse analog übertragen werden. Wenn $\varrho_G = R/l$ den Widerstand eines Einzelfadens pro Längeneinheit (cm) darstellt und n die Fadenzahl pro cm Bandbreite, dann gilt für den spezifischen Flächenwiderstand in Fadenrichtung

$$\varrho_F = \frac{R}{ln} = \frac{\varrho_G}{n}. \tag{13}$$

Falls man gleichermaßen wie bei Flächengebilden eine Ladungsbegrenzung auf 10^{-10} C/cm² fordert[4]), ergibt sich aus Gleichung (4) für den Grenzwert des Widerstandes pro Längeneinheit

$$\varrho_{G_{gr}} = 200\,\frac{n}{v}. \tag{14}$$

Wenn man beispielsweise übliche Werte von $n = 20$ Fäden/cm und $v = 200$ m/min $= 330$ cm/s ansetzt, so ergibt sich aus (14)

$$\varrho_{G_{gr}} \approx 10\ \mathrm{G\Omega/cm}.$$

Diese Bedingung ist erfüllbar für Fäden aus Baumwolle und Viskosefaserstoff bei rel. Luftfeuchten im und oberhalb des Bereiches 50 bis 70%.

Bei Polyesterfäden ist diese Bedingung ebenfalls erfüllbar, da oberflächenaktive Präparationen (Spinnpräparationen) auf Polyester im allgemeinen einen guten antistatischen Effekt erzeugen, während bei Polyamidfäden relativ hohe Präparationsauflagen erforderlich sind, um diese Bedingung zu erfüllen. Die zur Zeit in der Produktion eingesetzten Polyamidseiden zeigen meist erheblich höhere Werte (bis zu 10^6 GΩ/cm).

3.5. Einzelfäden

Eine Beziehung für den Grenzwiderstand von Einzelfäden kann aus der Beziehung (8) für Faserbänder hergeleitet werden, indem für b der Fadendurchmesser eingesetzt wird. Nimmt man einen Fadendurchmesser von $b = 0{,}1$ cm an, so ergibt sich

$$\varrho_{G_{gr}} = \frac{2000}{v} \tag{15}$$

4) Hinweise über zulässige Höchstladungen beim Schären geben *Gefter* u. a. an [9].

Tatsächlich gilt diese Beziehung auch näherungsweise für dünnere Fäden, da unterhalb eines Fadendurchmessers von 0,1 cm die maximal mögliche Ladungsmenge pro Längeneinheit nicht mehr linear proportional dem Fadendurchmesser abnimmt (wie bei einem flächenförmigen Gebilde), sondern in erheblich geringerem Maße [2], d. h. dünnere Fäden müssen nahezu unabhängig von ihrem Durchmesser eine gleichgroße Ladungsmenge ableiten wie ein Faden von 0,1 cm Durchmesser. Dementsprechend entfällt der Faktor b in Beziehung (8) für fadenförmige Gebilde unterhalb des Durchmessers von 0,1 cm. Die in der Praxis vorkommende mittlere maximale Ladungsmenge pro Längeneinheit auf Fäden mit einem Durchmesser im Bereich 0,001 bis 0,1 cm liegt im Bereich 10^{-11} bis 10^{-10} C/cm. Gleichung (15) ist dann die Bedingung dafür, daß die Ladungsmenge pro Längeneinheit mit Sicherheit auf einen Wert von 1/10 der Maximalladung begrenzt wird. In diesem Falle treten erfahrungsgemäß keine elektrostatisch bedingten Laufschwierigkeiten mehr auf. Ein auf einer Metallfläche liegender, mit $5 \cdot 10^{-12}$ C/cm aufgeladener Faden von beispielsweise 0,1 mm Durchmesser erfährt eine durch elektrostatische Spiegelkräfte bedingte Haftkraft pro Längeneinheit von ca. $5 \cdot 10^{-4}$ p/cm. Diese Kraft entspricht der fünffachen Eigenmasse eines 10-tex-Fadens und reicht im allgemeinen nicht aus, um signifikante Ablaufschwierigkeiten auszulösen.

Die Bedingung (15) ergibt sich auch aus der Bedingung (14) für Schärbänder, wenn für $n = 10$ Fäden/cm eingesetzt wird. Auch das ist eine untere Grenze für den Geltungsbereich der Beziehung (14), da bei $n < 10$ auf Grund der auf maximal 10^{-10} C/cm begrenzten Einzelfadenaufladung die maximal mögliche Flächenladungsdichte von größenordnungsmäßig 10^{-9} C/cm² nicht mehr erreicht werden kann. Das war aber eine Voraussetzung für die Beziehung (6), aus der u. a. auch die Beziehung (14) hergeleitet wurde.

Tabelle 2 zeigt, inwieweit durch Ausrüstung mit handelsüblichen Antistatika der Widerstand von synthetischen Seiden verringert werden kann und inwieweit dadurch die sich gemäß Beziehung (15) ergebende maximal zulässige Geschwindigkeit v_{max} erhöht wird. Vergleichsweise wurde ϱ_G für eine Viskoseseide, Typ Precenta, 11 tex (48) unter gleichen Klimabedingungen zu 200 GΩ/cm bestimmt, woraus sich ein $v_{max} = 10$ cm/s ergibt. Ergänzend sei hierzu nochmals erwähnt, daß die angegebenen Werte für v_{max} so aufzufassen sind, daß bei deren Unterschreitung elektrostatische Aufladungen

Tabelle 2. Einfluß der Ausrüstung synthetischer Seiden mit handelsüblichen Antistatika (Volturin P, Smotilon O)) auf den elektrischen Widerstand (Klima: 22 °C, 65% relative Luftfeuchte)*

Seidenmaterial	Volturin P			Smotilon O		
	Auflagemenge %	ϱ_G GΩ/cm	v_{max} cm/s	Auflagemenge %	ϱ_G GΩ/cm	v_{max} cm/s
PA-S, DEDERON	0,37	130	15	0,58	1800	1
10 tex (48)	2,6	19	100	5,8	49	40
	6,7	7,5	270			
PE-S, GRISUTEN	0,17	260	8	0,15	440	5
15 tex (48)	0,90	21	100	1,7	21	100

*) Hersteller: VEB Fettchemie, Karl Marx-Stadt

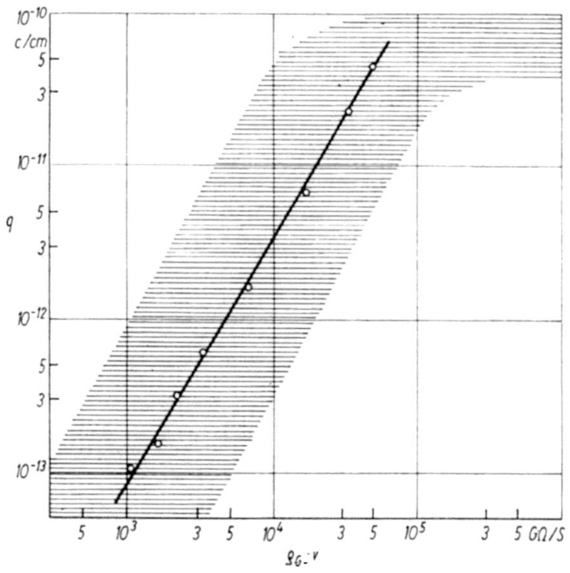

Bild 2. Zusammenhang zwischen der Ladungsdichte auf einem Faden (q) und dem Produkt aus dem Widerstand pro Längeneinheit ϱ_G und der Fadengeschwindigkeit v

mit Sicherheit ausgeschlossen sind, während bei Überschreitung die Wahrscheinlichkeit für eine Aufladung allmählich zunimmt.

Inwieweit bei einer Überschreitung dieser Werte aufladungsbedingte Störungen auftreten, hängt von der Reibungsintensität, von den in Kontakt befindlichen Materialien und insbesondere vom Charakter der Fadenführung ab. Naturgemäß kann sich bei einer straffen Fadenführung, wie beispielsweise an Spulmaschinen, auch eine hohe Aufladung des Fadens nicht negativ auswirken.

Beziehung (15) kann zur Einschätzung der Aufladbarkeit von Einzelfäden für die verschiedensten technologischen Verhältnisse herangezogen werden. Wie *Galkina* u. a. [10] nachgewiesen haben, verursachen auch aufgeladene Schuß- und Kettfäden an Webmaschinen Schwierigkeiten. Da sich die Aufladungen während des Maschinenlaufes an den kritischen Stellen praktisch nicht messen lassen, kann durch eine Widerstandsmessung an den Fäden unter Berücksichtigung der Beziehung (15) die Aufladbarkeit der Fäden eingeschätzt werden. Dabei ist jeweils für v die Relativgeschwindigkeit des Fadens gegenüber den Reiborganen anzusetzen. Das trifft gleichermaßen für Wirk- und Strickmaschinen zu, bei denen insbesondere bei der Verarbeitung von multifilen Feinseiden mit geringer Drehung Aufladungen sehr störend sein können.

Die Beziehung (15) wurde experimentell überprüft, indem verschiedenes Fadenmaterial durch ein Abzugswalzenpaar aus Gummi mit einem Walzendurchmesser von 4 cm in einem Geschwindigkeitsbereich von 1 bis 300 cm/s transportiert und nachfolgend die Ladungsdichte auf dem Faden in einem *Faraday*-Käfig ermittelt wurde. Es handelte sich um Seide und Garn aus natürlichem und synthetischem Fasermaterial in einem Feinheitsbereich von ca. 5 bis 50 tex.

Die gemessenen Ladungsdichtewerte sind im Diagramm Bild 2 als Funktion des Produktes aus ϱ_G und v aufgetragen. Die ca. 500 aufgenommenen Meßpunkte liegen nahezu alle im schraffierten Bereich. Eine beispielsweise für ein PA-F-Garn einer Feinheit von 42 tex und einem Widerstand pro Längeneinheit $\varrho_G = 200$ GΩ/cm aufgenommene Kurve ist mit den zugehörigen Meßpunkten im Diagramm mit eingezeichnet.

Aus diesem Diagramm ist ersichtlich, daß unterhalb eines Wertes $\varrho_G v = 2000$ GΩ/s die gemessenen Aufladungen kleiner als 10^{-11} C/cm sind, womit die Beziehung (15) auch experimentell bestätigt ist.

Literatur

[1] TGL 22061 Bl. 5, Entwurf August 1971: Elektrostatische Aufladungen; Beseitigung elektrostatischer Aufladungen in der Textilindustrie.
[2] Autorenkollektiv: Statische Elektrizität bei der Verarbeitung von Chemiefasern. Leipzig: Fachbuchverlag 1963, S. 59.
[3] *Medley, J. A.:* The discharge of electrified textiles. J. Textile Inst. **45** (1954) S. T123–T141.
[4] *Schumann, W.:* Untersuchungen zur elektrostatischen Aufladung fester Körper. Leipzig: Dissertation 1962. Plaste und Kautschuk **10** (1963) 9, S. 526–531; 10, S. 590–593; 11, S. 654–659.
[5] *Gabel, M.,* und *Schön, G.:* Elektrostatische Aufladung von Papier bei Rotationsdruck. Vortrag anläßlich der Konferenz „Fortschritte in der statischen Elektrizität", Wien, 4. bis 6. Mai 1970.
[6] *Löbel, W.:* Untersuchungen zur Prüfung der antistatischen Wirkung von Textilhilfsmitteln. Faserforsch. u. Textiltechnik **19** (1968) 3, S. 110–115.
[7] TGL 22061 Bl. 6, Entwurf Oktober 1971: Elektrostatische Aufladungen; Bestimmung des elektrischen Widerstandes von Faserstoffen und Textilien (als Ersatz für TGL 142-2055).
[8] *Löbel, W.:* Die Messung elektrostatischer Aufladungen in der Betriebspraxis und die Prüfung der Aufladbarkeit von Werkstoffen und Fertigprodukten. Elektropraktiker **23** (1969) 8, S. 249.
[9] *Gefter, P. L., Lokšina, I. V.,* und *Dzerskij, O. N.:* Berechnung der technologisch zulässigen Aufladung eines Fadens. Tekstil. Prom., Moskva (Textil-Ind.) **28** (1968) 5, S. 64–67; dt. in: Sowj. Beitr. Faserforsch. Textiltechnik **5** (1968) 11, S. 586–588.
[10] *Galkina, Z. I., Gefter, P. L.,* und *Pesnja, V. T.:* Einfluß der elektrostatischen Aufladung der Schußfäden auf den Webprozeß. Tekstil. Prom., Moskva (Textil-Ind.) **30** (1970) 2, S. 32–36.

Eingegangen am 5. Mai 1972

Friedrich Winkler
Institut für Polymerenchemie der DAW, Teltow-Seehof

Standardisierte Begriffe der Textilprüfung und verwandter Gebiete

1. Statische Zugprüfung

Grundblatt: Systematische Gliederung der Begriffe und ihrer Definitionen

Blatt 1
(2. Ausgabe)
DK 389.6:677.017.42:168.1

Wohl jeder, der sich mit fremdsprachigen Fachtexten beschäftigt — sei es beim Lesen fremdsprachiger Fachliteratur, beim Übersetzen oder beim Dolmetschen — wird immer wieder die Schwierigkeiten bemerken, die die wörtliche Übersetzung bestimmter Begriffe mit sich bringt. Nicht nur, daß der wörtlich übersetzte Begriff der einen Sprache in der anderen Sprache unverständlich ist, es kann sogar passieren, daß er etwas ganz anderes bedeutet. Ein besonders deutliches Beispiel dieser Art sind die Begriffe Reißkraft bzw. Bruchkraft, deren wörtliche Übersetzungen ins Englische rupture load bzw. breaking load lauten. Beachtet man aber die Definitionen dieser Begriffe im Englischen und im Deutschen, so gehören im Gegensatz zur wörtlichen Übersetzung die Begriffe Reißkraft und breaking load bzw. Bruchkraft und rupture load zusammen.

Es ist also ohne weiteres ersichtlich, daß eine Übersetzung von Begriffen nur nach ihrer Definition vorgenommen werden kann. Leider werden in der Fachliteratur aber die verwendeten Begriffe nur selten definiert. Darüber hinaus benutzen verschiedene Verfasser sehr oft zur Bezeichnung der gleichen Eigenschaft unterschiedliche Begriffe. Das führt dann dazu, daß beim Vergleich verschiedener Veröffentlichungen mit dem gleichen Begriff unterschiedliche Eigenschaften bezeichnet werden, wodurch die Verwirrung vollständig wird.

In den folgenden Blättern soll versucht werden, eine gewisse Ordnung in den Begriffswirrwarr zu bringen. Es werden dabei nur Begriffe verwendet, die in Standards enthalten und dort definiert sind oder zumindest aus dem Zusammenhang heraus eine eindeutige Zuordnung (z. B. durch die angegebenen Dimensionen oder formelmäßigen Zusammenhänge) erkennen lassen. Es zeigt sich oft, daß im gleichen Land in verschiedenen Standards trotzdem noch unterschiedliche Begriffe für die gleiche Definition verwendet werden.

Zur besseren Übersicht wird die Vielzahl der in der Textilprüfung verwendeten Begriffe zunächst in Teilgebiete aufgegliedert. Als erstes Teilgebiet wird im Blatt 1 die statische Zugprüfung behandelt. Die Blätter werden nun noch einmal nach Sachgruppen untergliedert, die mit laufenden Nummern bezeichnet sind und denen die Nummer des Blattes vorangestellt wird.

Das Blatt 1 ist in folgende Sachgruppen untergliedert:

1. 1. Allgemeine Begriffe
1. 2. Zugversuche
1. 3. Zugprüfgeräte und Zubehör
1. 4. Zugkraft
1. 5. Auf Länge, Breite oder Dicke bezogene Zugkraft
1. 6. Zugkraft-Verhältnisse
1. 7. Feinheitsbezogene Zugkraft
1. 8. Verhältnisse der feinheitsbezogenen Zugkraft
1. 9. Massebezogene Zugkraft
1.10. Querschnittsflächen
1.11. Zugspannung
1.12. Längen
1.13. Längenänderung
1.14. Zugdehnung
1.15. Zugdehnungs-Verhältnisse
1.16. Kraft-Längenänderungs-Kurven sowie abgeleitete Kurven und Kennwerte
1.17. Moduli und Kehrwerte
1.18. Zugarbeit und abgeleitete Kennwerte
1.19. Zugarbeits-Verhältnisse
1.20. Reißdauer, Reißgeschwindigkeit und abgeleitete Größen
1.21. Ungleichmäßigkeit im Zusammenhang mit dem Zugversuch
1.22. Zugspannungs-Verhältnisse

Die einzelnen Begriffe innerhalb der Sachgruppen werden dann ebenfalls durch laufende Nummern gekennzeichnet, die an die Sachgruppen-Nummer angehängt werden. Somit wird jeder Begriff und seine Definition durch eine dreiteilige Nummer gekennzeichnet, die gleichzeitig den Zusammenhang mit den Beiblättern für die einzelnen Sprachen herstellt. Innerhalb der Sachgruppen wurde auf eine systematische Gliederung verzichtet, um zu jeder Zeit ohne Änderung der bisher verwendeten dreiteiligen Nummer eine Ergänzung der Begriffssammlung zu ermöglichen.

In den Beiblättern werden dann jeweils für eine Sprache die standardisierten Begriffe aufgeführt. Die Beiblätter bestehen aus einem systematischen Teil, der nach den dreiteiligen Nummern der jeweiligen Begriffe und Definitionen des Grundblattes gegliedert ist, und einem alphabetischen Teil zum leichteren Auffinden der Begriffe. Vorgesehen sind z. B. die Beiblätter

D (deutsch) E (englisch) F (französisch) R (russisch) usw.

Bei der Ausarbeitung der inzwischen erschienenen Beiblätter 1 D[1]), 1 E[2]) und 1 R[3]) zeigte es sich, daß jeweils eine Reihe Begriffe und Definitionen neu erschienen waren oder neu aufgefunden wurden, die jeweils als Ergänzung der in der ersten Aufgabe des Grundblattes 1[4]) enthaltenen systematischen Gliederung nachgetragen wurden. Eine besonders große Anzahl Begriffe trat im Zusammenhang mit dem in Kürze erscheinenden Blatt 1 F auf. Da das Nachtragen von Ergänzungen zum Grundblatt in die Beiblätter nur als eine Übergangslösung angesehen werden kann, ist eine Neuausgabe des Grundblattes erforderlich.

Das Arbeiten mit den Begriffsblättern ist nun so gedacht, daß von dem bekannten Begriff der Ausgangssprache im alphabetischen Teil des zugehörigen Teilblattes die dreiteilige Nummer gesucht wird (z. B. für den deutschen Begriff „Reißkraft" in Beiblatt 1 D die Nummer 1.4.3.). Im Grundblatt wird daraufhin nachgesehen, ob die angegebene Definition dem Begriff der Ausgangssprache entspricht (z. B.: „Reißkraft ist die beim Zugversuch gemessene maximale Kraft. Beim Auftreten mehrerer Kraftmaxima gilt das erste Maximum als Anfangs-Reißkraft und das höchste als Reißkraft"). Ist dies der Fall, kann im systematischen Teil des Beiblattes der Zielsprache der richtige Begriff unter der gefundenen Nummer entnommen werden, falls ein standardisierter Begriff bekannt ist (z. B. im Beiblatt 1 E der englische Begriff „breaking load").

Sehr oft kommt es vor, daß für die gleiche Definition in verschiedenen Standards unterschiedliche Begriffe festgelegt sind. In diesen Fällen wurden der dem Verfasser am treffendsten erscheinende Begriff an erster Stelle genannt und die anderen Begriffe nachgeordnet. Die Reihenfolge wurde so gewählt, daß ein Begriff um so später aufgeführt ist, je weniger zutreffend er zu sein scheint.

Der Verfasser ist sich darüber klar, daß diese Zusammenstellung nur ein erster Versuch sein kann. An vielen Stellen wird in dieser oder jener Sprache ein Begriff fehlen, von dem der eine oder andere Leser weiß, daß er standardisiert worden ist. Dieses Fehlen ist darauf zurückzuführen, daß dem Verfasser nicht alle Standards bekannt sind, in denen die Begriffe der Textilprüfung und verwandter Gebiete enthalten sind. Er dankt für die ihm bisher gegebenen Hinweise und bittet auch weiterhin um entsprechende Angaben.

[1]) s. Faserforschung Textiltechnik **17** (1966) 12, S. 578 bis 589.

[2]) s. Faserforsch. u. Textiltechnik **18** (1967) 5, S. 245—253; 6, S. 298—304.

[3]) s. Faserforsch. u. Textiltechnik **19** (1968) 11, S. 531—537; 12, S. 583—590.

[4]) s. Faserforsch. u. Textiltechnik **17** (1966) 9, S. 425—433.

Es wird gewiß auch Meinungsverschiedenheiten geben, ob bei mehreren Begriffen mit gleicher Definition die Reihenfolge des Aufführens richtig ist. Vielleicht kann aber gerade die Tatsache des Vorhandenseins mehrerer Begriffe für die gleiche Definition die nationalen und internationalen Standardisierungsgremien anregen, zu jeder Definition möglichst nur einen Begriff zu standardisieren; es wäre dann nicht mehr erforderlich, zwischen mehreren Begriffen entscheiden zu müssen, welcher von ihnen als der richtige anzusehen ist.

Es folgt nun die systematische Gliederung der Begriffe und Definitionen des statischen Zugversuchs.

1.1. Allgemeine Begriffe

1.1.1. *Zugfestigkeit* ist ein allgemeiner Ausdruck für die Eigenschaft eines Materials, kraft deren es dem durch äußere Kräfte aufgebrachten Dehnen oder Reißen widerstehen kann.

1.1.2. *Reißfestigkeit* ist ein allgemeiner Ausdruck für die maximale innere Kraft, um dem Reißen beim Zugversuch zu widerstehen.

1.1.3. *Spannung* ist ein allgemeiner Ausdruck für den innerhalb eines Prüflings beim Anwenden einer äußeren Kraft entstehenden Deformationswiderstand.

1.1.4. *Zugfestigkeit im Normalklima* ist ein allgemeiner Ausdruck für die Zugfestigkeit eines Textilmaterials, das vorher dem Normalklima angeglichen worden ist.

1.1.5. *Naß-Zugfestigkeit* ist ein allgemeiner Ausdruck für die Zugfestigkeit eines Textilmaterials, das vorher eine genügend lange Zeit in Wasser eingelegt worden ist.

1.1.6. *Dynamometerwiderstand* ist ein aus dem Zugversuch hergeleiteter Mittelwert der Zugfestigkeit, der einen systematischen, durch die Unvollkommenheit des Prüfverfahrens oder des verwendeten Prüfgerätes verursachten Fehler einschließt.

1.1.7. *Dehnbarkeit* ist ein allgemeiner Ausdruck für die Fähigkeit eines Materials, bei Anwendung einer genügenden Kraft eine Längenänderung oder Dehnung zu erfahren.

1.1.8. *Deformation* ist ein allgemeiner Ausdruck für die Änderung der Form eines Prüflings bei Anwendung einer Zugkraft, z. B. die Zunahme der Länge.

1.1.9. *Verzögerte Deformation* ist ein allgemeiner Ausdruck für den Anteil der Deformation, der nach Aufheben der die Deformation erzeugenden Ursache erst nach mehr oder weniger langer Zeit verschwindet.

1.1.10. *Plastizität* ist ein allgemeiner Ausdruck für die Fähigkeit eines festen Körpers, nach Entfernen der angelegten Spannung die eingetretene Dimensionsänderung beizubehalten.

1.1.11. *Elastizität* ist ein allgemeiner Ausdruck für die Fähigkeit eines festen Körpers, nach Entfernen der angelegten Spannung die ursprüngliche Form und Größe wieder anzunehmen.

1.1.12. *Hochelastizität* ist ein allgemeiner Ausdruck für die Fähigkeit eines festen Körpers, mit kurzer Relaxationszeit und geringer Hysterese wiederholt hohe elastische Dehnungen zu erreichen.

1.1.13. *Visko-Elastizität* ist ein allgemeiner Ausdruck für die Fähigkeit eines festen Körpers, nach Entfernen der angelegten Spannung die ursprüngliche Form und Größe nur angenähert und mit Verzögerung wiederzuerreichen.

1.1.14. *Mechanische Hysterese* ist ein allgemeiner Ausdruck für die Tatsache, daß die bei abnehmender Kraft erhaltene Kraft-Längenänderungs-Kurve mit der bei zunehmender Kraft erhaltenen nicht übereinstimmt.

1.1.15. *Hystereseschleife* ist ein allgemeiner Ausdruck für einen nahezu geschlossenen Kurvenzug, der durch das Zusammenwirken der bei zunehmender und abnehmender Kraft erhaltenen Kraft-Längenänderungs-Kurven entsteht.

1.1.16. *Arbeitsfähigkeit* ist ein allgemeiner Ausdruck für die Fähigkeit eines Materials, einer absorbierten Arbeit zu widerstehen.

1.1.17. *Rücksprungfähigkeit* ist ein allgemeiner Ausdruck für die Fähigkeit eines Materials, beim Zurückgehen vom deformierten Zustand Arbeit zu leisten.

1.1.18. *Haftfestigkeit* ist ein allgemeiner Ausdruck für die Fähigkeit zweier haftend miteinander verbundener Materialien, dem Trennen einen Widerstand entgegenzusetzen.

1.1.19. *Relaxation* ist ein allgemeiner Ausdruck für das Nachlassen der Spannungen im Laufe der Zeit.

1.1.20. *Nahtfestigkeit* ist ein allgemeiner Ausdruck für den Widerstand von Nahtverbindungen bei Zugbeanspruchung quer zur Naht.

1.1.21. *Nahtgleitfestigkeit* ist ein allgemeiner Ausdruck für den Widerstand von Nahtverbindungen gegenüber dem Nahtgleiten (Heraustrennen der Querfäden des Prüflings durch die Kämmwirkung der Naht) bei Zugbeanspruchung quer zur Naht.

1.1.22. *Nachgiebigkeit* ist ein allgemeiner Ausdruck für die Fähigkeit eines Materials, unter Spannung nachzugeben. Sie stellt das Verhältnis der Dehnungsänderung zur dadurch erzeugten Spannungsänderung dar, also den Kehrwert eines Moduls.

1.1.23. *Einzelfaden-Reißfestigkeit* ist ein allgemeiner Ausdruck für die Reißfestigkeit eines einzelnen, zwischen die Klemmen der Zugprüfmaschine eingespannten Fadens.

1.1.24. *Knoten-Reißfestigkeit* ist ein allgemeiner Ausdruck für die Reißfestigkeit eines mit einem Knoten versehenen Prüflings.

1.1.25. *Schlingen-Reißfestigkeit* ist ein allgemeiner Ausdruck für die Reißfestigkeit eines aus zwei kettengliedartig ineinander verschlungenen Teilstücken bestehenden Prüflings.

1.1.26. *Reiß-Dehnbarkeit* ist ein allgemeiner Ausdruck für die Fähigkeit eines Materials, beim Anwenden einer genügenden Kraft eine Längenänderung oder Dehnung bis zum Reißen zu erfahren.

1.1.27. *Weiterreißfestigkeit* ist ein allgemeiner Ausdruck für die Fähigkeit eines Materials, dem Weiterreißen eines Einschnittes oder Einrisses in einem Prüfling Widerstand zu leisten.

1.1.28. *Prüfgeschwindigkeit* ist ein allgemeiner Ausdruck für die Geschwindigkeit des Ablaufes eines Prüfvorganges.

1.1.29. *Duktilität* ist ein allgemeiner Ausdruck für die Fähigkeit eines Materials, sich kurz vor dem Bruch plastisch zu verformen.

1.1.30. *Zug-Weiterreiß-Bruch* ist ein allgemeiner Ausdruck für einen Bruch im Zugversuch, der durch einen an einer Seite des Prüflings entstehenden und sich quer über den Prüfling so langsam ausbreitenden Riß charakterisiert ist, daß eine abnormale Kraft-Längenänderungs-Kurve entsteht.

1.1.31. *Fließen* ist ein allgemeiner Ausdruck für die Fähigkeit eines Materials, beim Zugversuch unter gewissen Prüfbedingungen ohne Änderung der Nennspannung eine Zunahme der Dehnung zu zeigen.

1.1.32. *Gewebe-Reißfestigkeit* ist ein allgemeiner Ausdruck für die Reißfestigkeit eines Gewebestückes.

1.1.33. *Erholung* ist ein allgemeiner Ausdruck für das Abnehmen der Dehnung nach Entfernen der Zugspannung im Laufe der Zeit.

1.1.34. *Einreißfestigkeit* ist ein allgemeiner Ausdruck für die Fähigkeit eines Materials, dem Entstehen eines Einrisses in einem Prüfling Widerstand zu leisten.

1.2. *Zugversuche*

1.2.1. *Zugversuch* ist eine Prüfung, um den Widerstand eines Materials gegenüber einer in nur einer Richtung wirkenden Kraft zu messen.

1.2.2. *Bündel-Zugversuch* ist ein Zugversuch an Bündeln von Einzelfasern.

1.2.3. *Faserband-Zugversuch* ist ein Zugversuch an Bändern oder Kammzügen, in denen die Fasern nur durch ihre natürliche Haftung und nicht durch zusätzliche Drehung zusammengehalten werden.

1.2.4. *Schlingen-Zugversuch* ist ein Zugversuch, bei dem zwei kettengliedartig ineinander verschlungene Fasern oder Fäden gerissen werden.

1.2.5. *Knoten-Zugversuch* ist ein Zugversuch an einem Einzelfaden, der vor dem Einspannen in die Zugprüfmaschine in vorgeschriebener Weise mit einem Knoten versehen worden ist.

1.2.6. *Strang-Zugversuch* ist ein Zugversuch an einem als Strang in die Zugprüfmaschine eingespannten Faden.

1.2.7. *Darrtrocken-Zugversuch* ist ein Zugversuch an unter bestimmten Bedingungen getrockneten Prüflingen.

1.2.8. *Streifen-Zugversuch* ist ein Zugversuch, bei dem ein streifenförmiger Prüfling über seine volle Breite von den Einspannklemmen erfaßt wird.

1.2.9. *Riffelstreifen-Zugversuch* ist ein Streifen-Zugversuch an Gewebestreifen, deren Querfäden beidseitig über die Randfäden hinaus überstehen.

1.2.10. *Schneidstreifen-Zugversuch* ist ein Streifen-Zugversuch an Prüflingen aus textilen Flächengebilden, die auf die volle Prüfbreite geschnitten worden sind.

1.2.11. *Grab-Zugversuch* ist ein Zugversuch, bei dem der Prüfling nur über einen Teil seiner Breite von den Einspannklemmen der Zugprüfmaschine erfaßt wird.

1.2.12. *Modifizierter Grab-Zugversuch* ist ein Grab-Zugversuch, bei dem zwischen den beiden Einspannklemmen die nichterfaßten Fäden bis an die eingespannten Fäden heran durchgeschnitten werden.

1.2.13. *Einzelriß-Zungenweiterreißversuch* ist ein Weiterreißversuch, bei dem die Kraft gemessen wird, die zum fadengeraden Weiterreißen einer durch einen Einschnitt in Längsrichtung des Prüflings gebildeten Zunge erforderlich ist.

1.2.14. *Doppelriß-Zungenweiterreißversuch* ist ein Weiterreißversuch, bei dem die Kraft gemessen wird, die zum fadengeraden Weiterreißen einer durch zwei Einschnitte in Längsrichtung des Prüflings gebildeten Zunge erforderlich ist.

1.2.15. *Flügel-Weiterreißversuch* ist ein Weiterreißversuch, bei dem die Kraft gemessen wird, die zum fadengeraden Weiterreißen eines in Querrichtung des Prüflings angebrachten Einschnittes eines abgewinkelt eingespannten Prüflings erforderlich ist.

1.2.16. *Fallpendel-Weiterreißversuch* ist ein Weiterreißversuch, bei dem mit Hilfe eines Pendelschlagwerkes plötzlich eine Kraft auf einen mit einem Einschnitt versehenen Prüfling aufgebracht wird.

1.2.17. *Nadel-Ausreißversuch* ist ein Zugversuch, bei dem der Prüfling durch eine ihn durchdringende Nadel gehalten und die zum Ausreißen der Nadel erforderliche Kraft gemessen wird.

1.2.18. *Fallpendel-Nadel-Ausreißversuch* ist ein Nadel-Ausreißversuch, bei dem der Prüfling in einem Pendelschlagwerk plötzlich beansprucht wird.

1.2.19. *Trennversuch* ist ein Zugversuch, bei dem zwei Lagen von durch Gummi, Klebstoff oder ähnlichem miteinander verbundener textiler Flächengebilde voneinander getrennt werden.

1.2.20. *Zugversuch mit konstanter Dehnungsgeschwindigkeit* ist ein Zugversuch, bei dem die Dehnung des Prüflings der Beanspruchungsdauer proportional ist.

1.2.21. *Zugversuch mit konstanter Reißdauer* ist ein Zugversuch, bei dem die Zeit zwischen dem Beginn der Längenänderung und dem Reißen des Prüflings für alle Einzelversuche nahezu gleich ist.

1.2.22. *Trapez-Weiterreißversuch* ist ein Weiterreißversuch, bei dem die Kraft gemessen wird, die zum fadengeraden Weiterreißen eines Einschnittes in einem trapezförmigen Prüfling erforderlich ist.

1.2.23. *Einzelfaden-*Zugversuch ist ein Zugversuch an einem einzeln eingespannten Faden.

1.2.24. *Einzelfaser-Zugversuch* ist ein Zugversuch an einzeln eingespannten Fasern, Elementarfäden, Haaren und Borsten.

1.2.25. *Naß-Zugversuch* ist ein Zugversuch an unter bestimmten Bedingungen genetzten oder durchnäßten Prüflingen.

1.2.26. *Trenn-Weiterreißversuch* ist ein Weiterreißversuch, bei dem ein senkrecht zur Zugrichtung am Prüfling angebrachter Einschnitt weitergerissen wird.

1.2.27. *Winkel-Weiterreißversuch* ist ein Weiterreißversuch, bei dem ein senkrecht zur Zugrichtung am winkelförmigen Prüfling angebrachter Einschnitt weitergerissen wird.

1.2.28. *Quernaht-Zugversuch* ist ein Zugversuch an aus zwei Teilen bestehenden Prüflingen, die mit einer quer zur Zugrichtung liegenden Naht verbunden sind.

1.2.29. *Längsnaht-Zugversuch* ist ein Zugversuch an einem Prüfling, der mit einer parallel zur Zugrichtung liegenden Naht versehen ist.

1.2.30. *Normalklima-Zugversuch* ist ein Zugversuch an Prüflingen, die dem Normalklima angeglichen worden sind.

1.2.31. *Schlingen-Weiterreißversuch* ist ein Weiterreißversuch an einem schlingenförmig eingespannten Prüfling eines Flächengebildes, bei dem die Kraft gemessen wird, die zum Ein- und Weiterreißen der Schlinge von beiden Längsseiten her durch einen V-förmigen Steigbügel erforderlich ist.

1.2.32. *Naß-Knoten-Zugversuch* ist ein Knoten-Zugversuch an unter bestimmten Bedingungen genetzten oder durchnäßten Prüflingen.

1.2.33. *Naß-Schlingen-Zugversuch* ist ein Schlingen-Zugversuch an unter bestimmten Bedingungen genetzten oder durchnäßten Prüflingen.

1.2.34. *Quernaht-Grab-Zugversuch* ist ein Grab-Zugversuch an einem mit einer Quernaht versehenen Prüfling.

1.2.35. *Kriechversuch* ist ein Zugversuch, bei dem der Prüfling mit einer konstanten Zugkraft beansprucht und die Dehnung in Abhängigkeit von der Beanspruchungsdauer gemessen wird.

1.2.36. *Fadenverschiebeversuch* ist ein Zugversuch, bei dem ein Gewebestreifen zwischen zwei aufeinandergepreßten Platten herausgezogen wird, wobei sich gleichzeitig die Querfäden verschieben.

1.2.37. *Nadelkamm-Ausreißversuch* ist ein Zugversuch, bei dem der Prüfling durch einen quer zur Zugrichtung in ihn eingestochenen Nadelkamm gehalten und die zum Verschieben oder Ausreißen des Nadelkammes erforderliche Kraft gemessen wird.

1.2.38. *Flornoppen-Ausreißversuch* ist ein Zugversuch, bei dem die Kraft zum Herausziehen einer Flornoppe aus ihrer Einbindung im textilen Flächengebilde gemessen wird.

1.2.39. *Darrtrocken-Einzelfaden-Zugversuch* ist ein Zugversuch an vor der Prüfung bei 107 °C ± 2 grd bis zur Massekonstanz getrockneten Fäden.

1.2.40. *Weiterreißversuch* ist ein Zugversuch zur Bestimmung des Widerstandes, den ein in bestimmter Weise eingeschnittener Prüfling dem Weiterreißen entgegensetzt.

1.2.41. *Harfen-Zugversuch* ist ein Zugversuch an einem Fadenbündel, das aus parallel liegenden Fäden besteht.

1.2.42. *Reißversuch* ist die Bestimmung eines oder mehrerer mechanischer Kennwerte durch Einwirkung einer maschinell erzeugten Zugkraft auf den eingespannten Prüfling in Richtung einer Achse bis zum Reißen.

1.2.43. *Streifen-Trennversuch* ist ein Trennversuch, bei dem ein streifenförmiger Prüfling über seine volle Breite von den Einspannklemmen erfaßt wird.

1.2.44. *Spannungsrelaxationsversuch* ist ein Zugversuch, bei dem der Prüfling mit einer konstanten Dehnung beansprucht und die Spannung in Abhängigkeit von der Beanspruchungsdauer gemessen wird.

1.2.45. *Entlastungsversuch* ist ein an den Kriechversuch unmittelbar anschließender Zugversuch, bei dem der Prüfling auf eine niedrigere konstante Zugkraft entlastet und die Erholung in Abhängigkeit von der Entlastungsdauer gemessen wird.

1.3. *Zugprüfmaschinen und Zubehör*

1.3.1. *Werkstoffprüfmaschine* ist eine Maschine zur Bestimmung gewisser physikalischer Charakteristiken fester, flüssiger oder gasförmiger Werkstoffe.

1.3.2. *Zugprüfmaschine* ist eine Werkstoffprüfmaschine zur Bestimmung der bei Zugbeanspruchung an Prüflingen fester Werkstoffe auftretenden Kräfte und Längenänderungen.

1.3.3. *Zugprüfmaschine mit konstanter Verformungsgeschwindigkeit des Prüflings* ist eine Zugprüfmaschine, bei der die Zunahme der Länge des Prüflings während des Zugversuchs proportional der Zeit ist.

1.3.4. *Zugprüfmsachine mit konstanter Belastungsgeschwindigkeit* ist eine Zugprüfmaschine, bei der die Zunahme der Zugkraft während des Zugversuchs proportional der Zeit ist.

1.3.5. *Zugprüfmaschine mit konstanter Abzugsgeschwindigkeit der ziehenden Klemme* ist eine Zugprüfmaschine, bei der sich die ziehende Klemme mit gleichförmiger Geschwindigkeit bewegt und die sich in dem Prüfling ausbildende Zugkraft über die andere Klemme einen Waagemechanismus betätigt, so daß die Geschwindigkeit der Zunahme der Kraft oder der Verformung von der Kraft-Längenänderungs-Kurve des Prüflings abhängig ist.

1.3.6. *Pendel-Zugprüfmaschine* ist eine Zugprüfmaschine mit konstanter Abzugsgeschwindigkeit der ziehenden Klemme, bei der die im Prüfling austretende Zugkraft durch ein ausschlagendes Pendel kompensiert wird.

1.3.7. *Faser-Zugprüfmaschine* ist eine Zugprüfmaschine zur Bestimmung der Zugeigenschaften von Einzelfasern, Elementarfäden, Haaren und Borsten.

1.3.8. *Neigungs-Bündel-Zugprüfmaschine* ist eine Zugprüfmaschine, bei der die Zugkraft durch ein (über eine gegen die Waagerechte geneigte Laufschiene) abrollendes Massestück auf den Prüfling aufgebracht wird.

1.3.9. *Einzelfaden-Zugprüfmaschine* ist eine Zugprüfmaschine zur Bestimmung der Zugeigenschaften an einzelnen Fäden aus Garnen, Seiden oder Zwirnen.

1.3.10. *Strang-Zugprüfmaschine* ist eine Zugprüfmaschine zur Bestimmung der Zugeigenschaften an Strängen aus Garnen, Seiden oder Zwirnen.

1.3.11. *Flächengebilde-Zugprüfmaschine* ist eine Zugprüfmaschine zur Bestimmung der Zugeigenschaften an flächenförmigen Prüflingen.

1.3.12. *Elmendorf-Weiterreiß-Zugprüfmaschine* ist eine Zugprüfmaschine, mit der ein mit einem Einschnitt versehener Prüfling schlagartig weitergerissen werden kann.

1.3.13. *Gewebe-Zugprüfmaschine mit konstanter Geschwindigkeit der ziehenden Klemme* ist eine Zugprüfmaschine mit konstanter Geschwindigkeit der ziehenden Klemme und Kraftmeßbereichen, die eine Prüfung textiler Flächengebilde möglich machen.

1.3.14. *Kraft-Längenänderungs-Schreibvorrichtung* ist eine Registriervorrichtung, mit der in jedem Moment des Zugversuchs die zusammengehörigen Werte von Kraft und Längenänderung in meist rechtwinkligen Koordinaten aufgeschrieben werden können.

1.3.15. *Vorspann-Massestücke* sind an den Prüfling anklemmbare Massestücke, die eine genaue Einspannlänge oder Ausgangslänge als Bezugslänge für die Dehnungsberechnung gewährleisten.

1.3.16. *Klemmen* sind die Teile der Zugprüfmaschine, die zum Halten des Prüflings während der Zugbeanspruchung dienen.

1.3.17. *Klemmbacken* sind die beiden Teile der Klemme, die den Prüfling festhalten.

1.3.18. *Klemmbackenfläche* ist die Oberfläche einer Klemmbacke, die bei Abwesenheit einer Klemmeinlage mit dem Prüfling in Kontakt steht.

1.3.19. *Klemmeinlage* ist ein Material, das zur Verbesserung der Haltekraft zwischen der Klemmbackenfläche und dem Prüfling liegt.

1.3.20. *Kraft-Zeit-Integrator* ist eine Vorrichtung, die beim Zugversuch das Integral der Kraft über der Zeit ermitteln läßt.

1.3.21. *Dehnungs-Meßvorrichtung* ist eine Vorrichtung, mit der die Dehnung eines Prüflings während des Zugversuchs entweder angezeigt oder registriert werden kann.

1.3.22. *Kraft-Meßvorrichtung* ist eine Vorrichtung, mit der die auf einen Prüfling während des Zugversuchs wirkende Zugkraft entweder angezeigt oder registriert werden kann.

1.3.23. *Massenkraft-Zugprüfmaschine* ist eine Zugprüfmaschine, bei der die Kraftmessung durch die Ortsveränderung eines Massestückes (z. B. durch ein Neigungspendel) erfolgt.

1.3.24. *Federkraft-Zugprüfmaschine* ist eine Zugprüfmaschine, bei der die Kraftmessung durch die Formveränderung einer Feder (z. B. Durchbiegung einer Blattfeder und elektrische Meßwertverstärkung) erfolgt.

1.3.25. *Längenänderungs-Meßvorrichtung* ist eine Vorrichtung, mit der die Längenänderung eines Prüflings während des Zugversuchs entweder angezeigt oder registriert werden kann.

1.3.26. *Kraft-Meßgerät* ist eine Vorrichtung, die zur statischen Untersuchung der Funktion von Kraft-Meßeinrichtungen in Werkstoffprüfmaschinen dient. Es besteht im allgemeinen aus Verformungskörper, Einbauteilen und Verformungs-Meßgerät.

1.3.27. *Verformungskörper* ist der sich durch die wirkende Kraft elastisch verformende Körper des Kraft-Meßgerätes, z. B. Zugstab, Druckkörper, Zug- oder Druckbügel oder Druckdose.

1.3.28. *Verformungs-Meßgerät* ist ein Meßgerät, mit dem die elastische Verformung des Verformungskörpers unmittelbar oder mittelbar gemessen wird, z. B. Meßuhr, Meßschraube, Feinzeiger, Spiegelmeßgerät, Dehnungsmeßstreifen, induktive und kapazitive Geber, Meßbrücke.

1.3.29. *Bündelklemmen* sind die Teile einer Bündel-Zugprüfmaschine, die zum Halten des Faserbündels während des Bündel-Zugversuchs dienen.

1.3.30. *Bündel-Zugprüfmaschine* ist eine Zugprüfmaschine zur Bestimmung der Zugeigenschaften von Faserbündeln.

1.3.31. ***Bündel-Pendel-Zugprüfmaschine*** ist eine Bündel-Zugprüfmaschine mit konstanter Abzugsgeschwindigkeit der ziehenden Klemme, bei der die im Faserbündel auftretende Zugkraft durch ein ausschlagendes Pendel kompensiert wird.

1.3.32. ***Grabtestklemmen*** sind die für den Grab-Zugversuch erforderlichen Einspannklemmen.

1.3.33. ***Kraftmeßbereich*** ist der Bereich zwischen der kleinsten und größten Anzeige einer Kraft-Meßvorrichtung, für die bestimmte Fehlergrenzen nicht überschritten werden dürfen.

1.3.34. ***Harfen-Zugprüfmaschine*** ist eine Zugprüfmaschine, die zur Bestimmung der Zugeigenschaften eines Fadenbündels dient, das aus parallelliegenden Fäden besteht.

1.3.35. ***Dehnungsmeßbereich*** ist der Bereich zwischen der kleinsten und größten Anzeige einer Dehnungs-Meßvorrichtung, für den bestimmte Fehlergrenzen nicht überschritten werden dürfen.

1.3.36. ***Belastungsvorrichtung*** ist eine Vorrichtung, die im Kriechversuch das Aufbringen einer konstanten Zugkraft innerhalb einer vorgeschriebenen Zeit ermöglicht.

1.4. Zugkraft

1.4.1. ***Zugkraft*** ist die in jedem Zeitpunkt auf den Prüfling einwirkende Kraft.

1.4.2. ***Vorspannkraft*** ist die beim Einspannen zum Erzielen einer definierten Ausgangslänge an den Prüfling angelegte Kraft.

1.4.3. ***Reißkraft*** ist die beim Zugversuch gemessene maximale Kraft. Beim Auftreten mehrerer Kraftmaxima gilt das erste Maximum als Anfangs-Reißkraft und das höchste als Reißkraft.

1.4.4. ***Beschleunigungsberichtigte Reißkraft*** ist die für präzise Vergleiche erforderliche Reißkraft. Sie stellt das Produkt aus der Reißkraft und einem Faktor dar, der den Quotienten aus der örtlichen Fallbeschleunigung und der Normfallbeschleunigung bildet.

1.4.5. ***Haftkraft*** entspricht der Reißkraft des normalen Zugversuchs. Sie stellt den Reibungswiderstand der Fasern in Faserbändern bei gleichmäßig zunehmender Zugbeanspruchung dar, gemessen durch die beim Auseinandergleiten auftretende maximale Kraft.

1.4.6. ***Bruchkraft*** ist die unmittelbar vor der völligen Trennung eines Prüflings beim Zugversuch gemessene Kraft. Die Bruchkraft kann im allgemeinen nur aus der Kraft-Längenänderungs-Kurve entnommen werden. Oftmals fallen Bruchkraft und Reißkraft zusammen.

1.4.7. ***Konstante Zugkraft*** ist eine begrenzte Zugkraft, die angewendet wird, um gewisse Charakteristiken (z. B. Durchmesser) oder gewisse Effekte (z. B. Längenänderung) zu messen.

1.4.8. ***Elastizitätsgrenzen-Zugkraft*** ist die Zugkraft, die der Längenänderung an der Elastizitätsgrenze zugeordnet ist.

1.4.9. ***Normalklima-Reißkraft*** ist entweder die bei Normalklima gemessene oder die bei einem beliebigen Feuchtesatz des Prüflings gemessene und mit einem den Normalfeuchtesatz berücksichtigenden Faktor multiplizierte Reißkraft.

1.4.10. ***Feuchteberichtigte Reißkraft*** ist das Produkt aus der bei einem beliebigen Feuchtesatz gemessenen Reißkraft und einem Faktor, der den Unterschied zwischen dem vorhandenen und den geforderten Feuchtesatz berücksichtigt.

1.4.11. ***Naß-Reißkraft*** ist die beim Zugversuch an Prüflingen, die unter bestimmten Bedingungen genetzt oder durchnäßt worden sind, gemessene Reißkraft.

1.4.12. ***Trocken-Reißkraft*** ist die beim Zugversuch an getrockneten Prüflingen gemessene Reißkraft.

1.4.13. ***Darrtrocken-Reißkraft*** ist die an vor der Prüfung bei 107 °C ± 2 grd bis zur Massekonstanz getrockneten Prüflingen bestimmte Trocken-Reißkraft.

1.4.14. ***Mittlere Reißkraft*** ist der arithmetische Mittelwert der Reißkräfte der einzelnen Prüflinge einer Versuchsreihe.

1.4.15. ***Bündel-Reißkraft*** ist die beim Zugversuch an den zu einem Bündel zusammengefaßten Fasern ermittelte Reißkraft.

1.4.16. ***Schlingen-Reißkraft*** ist die beim Schlingen-Zugversuch gemessene maximale Kraft.

1.4.17. ***Naß-Schlingen-Reißkraft*** ist die beim Schlingenzugversuch an genetzten oder durchnäßten Prüflingen gemessene maximale Kraft.

1.4.18. ***Knoten-Reißkraft*** ist die beim Knoten-Zugversuch gemessene maximale Kraft.

1.4.19. ***Naß-Knoten-Reißkraft*** ist die beim Knoten-Zugversuch an genetzten oder durchnäßten Prüflingen gemessene maximale Kraft.

1.4.20. ***Einzelfaden-Reißkraft*** ist die beim Zugversuch an einem einzelnen (z. B. aus einem Seil entnommenen) Faden ermittelte maximale Kraft.

1.4.21. ***Einzelfaden-Sollreißkraft*** ist die geforderte Mindestreißkraft eines einzelnen (z. B. aus einem Seil entnommenen) Fadens.

1.4.22. ***Strang-Reißkraft*** ist die beim Strang-Zugversuch gemessene maximale Kraft.

1.4.23. ***Feinheitsberichtigte Reißkraft*** ist das Produkt aus der gemessenen Strang-Reißkraft und einem Faktor, der die Abweichung der Feinheit des zu prüfenden Stranges von der Sollfeinheit berücksichtigt.

1.4.24. ***Gewebe-Reißkraft*** ist die beim Zugversuch an Geweben gemessene maximale Kraft.

1.4.25. ***Grab-Reißkraft*** ist die beim Grab-Zugversuch an textilen Flächengebilden gemessene maximale Kraft.

1.4.26. ***Naß-Grab-Reißkraft*** ist die beim Grab-Zugversuch an genetzten oder durchnäßten Prüflingen gemessene maximale Kraft.

1.4.27. ***Einzelriß-Zungenweiterreißkraft*** ist die Kraft, die entweder zum Beginnen oder zum Fortsetzen bzw. Ausbreiten des Risses im Prüfling eines Flächengebildes beim Einzelriß-Zungenweiterreißversuch unter vorgegebenen Bedingungen erforderlich ist.

1.4.28. ***Elmendorf-Weiterreißkraft*** ist die mit dem Elmendorf-Gerät ermittelte Weiterreißkraft.

1.4.29. ***Flügel-Weiterreißkraft*** ist der Mittelwert der beim Flügel-Weiterreißversuch auftretenden Kraftmaxima.

1.4.30. ***Trennkraft*** ist die im Trennversuch ermittelte Kraft, die erforderlich ist, um zwei Lagen eines Flächengebildes durch Abziehen zu trennen.

1.4.31. ***Quernaht-Reißkraft*** ist die maximale Kraft, die beim Zugversuch an einem mit Quernaht zusammengenähten Prüfling gemessen wird.

1.4.32. ***Quernaht-Ausreißkraft*** ist die bei Zugbeanspruchung quer zur Naht ermittelte Kraft, die zum Verschieben der längs der Naht liegenden Fäden oder zum Herausziehen der in Zugrichtung liegenden Fäden erforderlich ist.

1.4.33. ***Fadenverschiebekraft*** ist die Kraft, die zum Herausziehen eines Gewebestreifens zwischen zwei aufeinandergepreßten Platten und gleichzeitigem Verschieben der Querfäden erforderlich ist.

1.4.34. ***Florabbindekraft*** ist die Kraft, die zum Herausziehen einer Flornoppe erforderlich ist.

1.4.35. ***Kraftabfall*** ist die Abnahme der Zugkraft im Laufe der Zeit in einem auf konstanter Dehnung gehaltenen Prüfling.

1.4.36. *Nadelausreißkraft* ist die beim Ausreißen einer Nadel aus einem Prüfling eines Flächengebildes senkrecht zur Einstichrichtung auftretende Höchstkraft.

1.4.37. *Seil-Reißkraft* ist die beim Zugversuch an einem Seil ermittelte maximale Kraft.

1.4.38. *Seil-Sollreißkraft* ist die geforderte Mindestreißkraft eines Seiles.

1.4.39. *Filz-Trennkraft* ist die in einem Filzstreifen im Trennversuch ermittelte Kraft, die erforderlich ist, um den Prüfling in zwei Teile aufzutrennen.

1.4.40. *Längsnaht-Reißkraft* ist die zum Reißen des ersten Stiches der Nahtverbindung erforderliche parallel zur Naht wirkende Reißkraft.

1.4.41. *Queraufnäh-Reißkraft* ist die beim Zugversuch an Prüflingen, auf die durch eine Quernaht ein weiteres Probenstück aufgenäht worden ist, festgestellte Reißkraft.

1.4.42. *Wirksame Wagenkraft* ist die durch die Masse des abrollenden Wagens und aufgesetzter Zusatzmassen bei Zugprüfmaschinen des Schiefe-Ebene-Typs auf den Prüfling wirkende Zugkraft.

1.4.43. *Einzelriß-Zungenweiterreiß-Spitzenkraft* ist die Kraft, die zum Zerreißen eines oder mehrerer Fäden beim Einzelriß-Zungenweiterreißversuch erforderlich ist und die sich im Zugkraft-Zeit-Diagramm als Spitze markiert.

1.4.44. *Einzelriß-Zungenweiterreiß-Mediankraft* ist die Kraft, oberhalb und unterhalb der jeweils die Hälfte der Einzelriß-Zungenweiterreiß-Spitzenkräfte liegt.

1.4.45. *Doppelriß-Zungenweiterreiß-Mediankraft* ist die Kraft, oberhalb und unterhalb der jeweils die Hälfte der Doppelriß-Zungenweiterreiß-Spitzenkräfte liegt.

1.4.46. *Fallpendel-Weiterreißkraft* ist der Quotient aus der Differenz zweier an zwei Prüflingen mit unterschiedlicher Rißlänge im Fallpendel-Weiterreißversuch ermittelten Weiterreiß-Arbeiten und der doppelten Rißlänge.

1.4.47. *Querriß-Weiterreißkraft* ist die Kraft, die erforderlich ist, um einen an einer Längskante quer zur Zugrichtung eingeschnittenen Prüfling weiterzureißen.

1.4.48. *Arbeits-Höchstkraft* ist die maximale Kraft, die beim Anwenden eines Seiles aus Sicherheitsgründen in diesem nicht überschritten werden darf.

1.4.49. *Streckgrenzen-Zugkraft* ist die Kraft, bei der ohne stetige Veränderung der Kraft eine Längenänderung des Prüflings eintritt.

1.4.50. *Dehngrenzen-Zugkraft* ist die Kraft, bei der eine vorgegebene bleibende Dehnung des Prüflings eintritt.

1.4.51. *Einzelfaser-Reißkraft* ist die beim Zugversuch an einer einzelnen Faser ermittelte Reißkraft.

1.4.52. *Normalklima-Seil-Reißkraft* ist die beim Zugversuch an einem dem Normalklima angeglichenen Seil gemessene Reißkraft.

1.4.53. *Errechnete Normalklima-Seil-Reißkraft* ist das Produkt aus der bei Normalklima ermittelten Einzelfaden-Reißkraft und der Anzahl Einzelfäden im Seil.

1.4.54. *Quernaht-Zugkraft* ist die in jedem Zeitpunkt des Quernaht-Zugversuchs auf den Prüfling wirkende Kraft.

1.4.55. *Geweberiß-Höchstkraft* ist die beim Quernaht-Zugversuch auftretende Höchstkraft, wenn die Nahtverbindung erhalten bleibt und das Gewebe nicht an der Naht, sondern an einer anderen Stelle reißt.

1.4.56. *Schlingen-Weiterreißkraft* ist die im Schlingen-Weiterreißversuch gemessene Weiterreißkraft.

1.4.57. *Schlitz-Weiterreißkraft* ist die Kraft, die zum Weiterreißen eines in einem Prüfling angebrachten Schlitzes erforderlich ist.

1.4.58. *Fadengleitkraft* ist die Kraft, bei der ein auf eine bestimmte Länge in ein Gewebe eingebundener Faden zu gleiten beginnt.

1.4.59. *Gummi-Draht-Haftkraft* ist die Kraft, bei der ein in Gummi einvulkanisierter Draht bei Zugbeanspruchung in Richtung seiner Achse aus dem Gummi herausgleitet.

1.4.60. *Gummi-Cord-Haftkraft* ist die Kraft, bei der ein in Gummi einvulkanisierter Cordfaden bei Zugbeanspruchung in Richtung seiner Achse aus dem Gummi herausgleitet.

1.4.61. *Cord-Ausgangsreißkraft* ist die Reißkraft eines zunächst einvulkanisierten, aber nicht einer Dauerbeanspruchung unterworfenen, aus dem Gummi herausgelösten Cordfadens.

1.4.62. *Cord-Restreißkraft* ist die Reißkraft eines zunächst einvulkanisierten, dann einer Dauerbeanspruchung unterworfenen, aus dem Gummi herausgelösten Cordfadens.

1.4.63. *Umgerechnete Querriß-Weiterreißkraft* ist die auf einen Sollquerschnitt des Prüflings umgerechnete, an einem Prüfling abweichenden Querschnitts gemessene Querriß-Weiterreißkraft.

1.4.64. *Weiterreißkraft* ist die Kraft, die unter bestimmten Bedingungen zum Weiterführen eines Einschnittes oder Einrisses in einem Prüfling erforderlich ist.

1.4.65. *Einreißkraft* ist die Kraft, die unter bestimmten Bedingungen zum Beginnen eines Einrisses in einem Prüfling erforderlich ist.

1.4.66. *Mittlere Einzelfaser-Reißkraft* ist das arithmetische Mittel der beim Zugversuch an einzelnen Fasern ermittelten Einzelfaser-Reißkraft.

1.4.67. *Nullängen-Reißkraft* ist die an einem mit der Einspannlänge Null eingespannten Prüfling gemessene Reißkraft.

1.4.68. *Nadelkamm-Ausreißkraft* ist die bei Zugbeanspruchung quer zu einem in einen Prüfling eingestochenen Nadelkamm auftretende Kraft, die zum Verschieben der vor dem Nadelkamm liegenden Querfäden oder zum Herausziehen der in Zugrichtung liegenden Längsfäden erforderlich ist.

1.4.69. *Normalklima-Bezugskraft* ist die an vor der Prüfung an das Normalklima angeglichenen Prüflingen bei einer bestimmten Dehnung (z. B. 10%) ermittelte Zugkraft.

1.4.70. *Proportionalitätsabweichungsgrenzen-Zugkraft* ist die Zugkraft an einem Punkt der Spannungs-Dehnungs-Kurve, der um einen bestimmten Betrag von der anfänglichen Proportionalitätsgeraden zwischen Spannung und Dehnung abweicht.

1.4.71. *Standardisierte Vorspannkraft* ist die Vorspannkraft, die einer standardisierten feinheitsbezogenen Vorspannkraft von meist (0,5 ± 0,1) p/tex beim Normalklima-Zugversuch und meist (0,25 ± 0,05) p/tex beim Naß-Zugversuch zugeordnet ist.

1.4.72. *Cord-Reißkraft* ist die beim Zugversuch an einem Cordfaden ermittelte Reißkraft.

1.4.73. *Cord-Normalklima-Reißkraft* ist die beim Zugversuch an einem dem Normalklima angeglichenen Cordfaden ermittelte Reißkraft.

1.4.74. *Cord-Darrtrocken-Reißkraft* ist die beim Zugversuch an einem vor der Prüfung bei 107 °C ± 2 grd bis zur Massekonstanz getrockneten Cordfaden ermittelte Reißkraft.

1.4.75. *Halbe Doppelriß-Zungenweiterreiß-Mittelkraft* ist die im Doppelriß-Zungenweiterreißversuch ermittelte und mit der Einzelriß-Zungenweiterreiß-Mittelkraft unmittelbar vergleichbare Kraft.

1.4.76. *Doppelriß-Zungenweiterreiß-Mittelkraft* ist das arithmetische Mittel aus den Doppelriß-Zungenweiterreiß-Spitzenkräften im Bereich der Weiterreißlänge.

1.4.77. *Zugkraft bei maximaler elastischer Längenänderung* ist diejenige Kraft, bei der die größte elastische Längenänderung im Zugversuch auftritt.

1.4.78. *Kett-Reißkraft* ist die an einem Gewebestreifen in Kettrichtung gemessene Reißkraft.

1.4.79. *Schuß-Reißkraft* ist die an einem Gewebestreifen in Schußrichtung gemessene Reißkraft.

1.4.80. *Feinheitsberichtigte Streifen-Reißkraft* ist das Produkt aus der Streifen-Reißkraft und dem Quotienten aus vorgeschriebener Feinheit (Produkt aus Masse je Flächeneinheit und Prüflingsbreite) und tatsächlicher Feinheit.

1.4.81. *Normalklima-Einzelfaser-Reißkraft* ist die beim Zugversuch an einer dem Normalklima angeglichenen Faser ermittelte Reißkraft.

1.4.82. *Naß-Einzelfaser-Reißkraft* ist die beim Zugversuch an einer einzelnen Faser, die unter bestimmten Bedingungen genetzt oder durchnäßt worden ist, ermittelte Reißkraft.

1.4.83. *Einzelriß-Zungenweiterreiß-Mittelkraft* ist das arithmetische Mittel aus den Einzelriß-Zungenweiterreiß-Spitzenkräften im Bereich der Weiterreißlänge.

1.4.84. *Mittlere Nadelausreißkraft* ist das arithmetische Mittel aus den Nadelausreißkräften.

1.4.85. *Ring-Zugkraft* ist die beim Zugversuch an ringförmigen Prüflingen gemessene Zugkraft. Sie ist gleich der doppelten, im Ring selbst auftretenden Zugkraft.

1.4.86. *Konstantdehnungs-Zugkraft* ist die bei einer vorgeschriebenen und konstant zu haltenden Dehnung ermittelte Zugkraft.

1.4.87. *Streifen-Trennkraft* ist die im Streifen-Trennversuch ermittelte Kraft, die erforderlich ist, um zwei Lagen eines streifenförmigen Prüflings durch Abziehen voneinander zu trennen.

1.4.88. *Netzmaschen-Reißkraft* ist die beim Netzmaschen-Zugversuch an Netztuch-Prüflingen ermittelte Reißkraft.

1.4.89. *Normalklima-Netzmaschen-Reißkraft* ist die beim Netzmaschen-Zugversuch an dem Normalklima angeglichenen Netztuch-Prüflingen ermittelte Reißkraft.

1.4.90. *Naß-Netzmaschen-Reißkraft* ist die beim Netzmaschen-Zugversuch an unter bestimmten Bedingungen genetzten oder durchnäßten Netztuch-Prüflingen ermittelte Reißkraft.

1.4.91. *Mittlere Netzmaschen-Reißkraft* ist das arithmetische Mittel aus den Netzmaschen-Reißkräften.

1.4.92. *Harfen-Reißkraft* ist die beim Harfen-Zugversuch ermittelte Reißkraft.

1.4.93. *Streifen-Reißkraft* ist die beim Streifen-Zugversuch ermittelte Reißkraft.

1.4.94. *Anfangs-Reißkraft* ist dasjenige, meist erste Kraftmaximum der Zugkraft, bei dem die Zerstörung des Prüflings beginnt.

1.4.95. *Anfangs-Einzelfaser-Reißkraft* ist die beim Einzelfaser-Zugversuch ermittelte Anfangs-Reißkraft.

1.4.96. *Anfangs-Schlingen-Reißkraft* ist die beim Schlingen-Zugversuch ermittelte Anfangs-Reißkraft.

1.4.97. *Anfangs-Knoten-Reißkraft* ist die beim Knoten-Zugversuch ermittelte Anfangs-Reißkraft.

1.4.98. *Anfangs-Bündel-Reißkraft* ist die beim Bündel-Zugversuch ermittelte Anfangs-Reißkraft.

1.4.99. *Anfangs-Haftkraft* ist beim Zugversuch an Faserbändern das erste Maximum der Zugkraft, bei dem die Zerstörung des Faserbandes beginnt.

1.4.100. *Anfangs-Einzelfaden-Reißkraft* ist die beim Einzelfaden-Zugversuch ermittelte Anfangs-Reißkraft.

1.4.101. *Anfangs-Strang-Reißkraft* ist die beim Strang-Zugversuch ermittelte Anfangs-Reißkraft.

1.4.102. *Anfangs-Harfen-Reißkraft* ist die beim Harfen-Zugversuch ermittelte Anfangs-Reißkraft.

1.4.103. *Anfangs-Streifen-Reißkraft* ist die beim Streifen-Zugversuch ermittelte Anfangs-Reißkraft.

1.4.104. *Anfangs-Grab-Reißkraft* ist die beim Grab-Zugversuch ermittelte Anfangs-Reißkraft.

1.4.105. *Anfangs-Normalklima-Reißkraft* ist die beim Normalklima-Zugversuch ermittelte Anfangs-Reißkraft.

1.4.106. *Anfangs-Naß-Reißkraft* ist die beim Naß-Zugversuch ermittelte Anfangs-Reißkraft.

1.4.107. *Anfangs-Darrtrocken-Reißkraft* ist die beim Darrtrocken-Zugversuch ermittelte Anfangs-Reißkraft.

1.4.108. *Anfangs-Trennkraft* ist beim Trennversuch das erste Maximum der Zugkraft, bei dem das Trennen des Prüflings beginnt.

1.4.109. *Anfangs-Weiterreißkraft* ist beim Weiterreißversuch das erste Maximum der Zugkraft, bei dem das Weiterreißen des Prüflings beginnt.

1.4.110. *Streifen-Trenn-Mittelkraft* ist das arithmetische Mittel der aus der Streifen-Trennkraft-Trennweg-Kurve in regelmäßigen Abständen entnommenen Streifen-Trennkraft-Werte.

1.4.111. *Mittlere Streifen-Trenn-Mittelkraft* ist das arithmetische Mittel aus den Streifen-Trenn-Mittelkräften mehrerer Prüflinge.

1.5. *Auf Länge, Breite oder Dicke bezogene Zugkraft*

1.5.1. *Weiterreißkraft-Prüflingsdicke-Quotient* ist der Quotient aus der Kraft, die ein angeschnittener Prüfling festgelegter Abmessungen dem Weiterreißen entgegensetzt, und der Dicke des Prüflings.

1.5.2. *Nahtschiebekraft-Prüflingsbreite-Quotient* ist der Quotient aus der Kraft, die an einem mit Quernaht versehenen Prüfling eine um einen bestimmten Betrag größere Längenänderung erzeugt als an einem Prüfling ohne Naht, und der Breite des Prüflings.

1.5.3. *Trennkraft-Prüflingsbreite-Quotient* ist der Quotient aus der Kraft, die zur Trennung zweier Schichten erforderlich ist, und der Breite des Prüflings.

1.5.4. *Nadelausreißkraft-Prüflingsdicke-Quotient* ist der Quotient aus der Kraft, die zum Ausreißen einer Nadel erforderlich ist, und der Dicke des Prüflings.

1.5.5. *Reißkraft-Prüflingsbreite-Quotient* ist der Quotient aus der Reißkraft und der Breite des Prüflings.

1.5.6. *Naßreißkraft-Prüflingsbreite-Quotient* ist der Quotient aus der Naß-Reißkraft und der Breite des Prüflings.

1.5.7. *Fadengleitkraft-Prüflingsbreite-Quotient* ist der Quotient aus der Summe der Fadengleitkräfte eines Gewebestreifens und der Breite des Streifens.

1.5.8. *Bezugskraft-Prüflingsbreite-Quotient* ist der Quotient aus einer für eine bestimmte Dehnung festgelegten oder ermittelten Kraft und der Breite des Prüflings.

1.5.9. *Ring-Zugkraft-Prüflingsbreite-Quotient* ist der Quotient aus der halben Ring-Zugkraft und der Breite des Prüflings.

1.6. *Zugkraft-Verhältnisse*

1.6.1. *Naß-Reißkraft-Verhältnis* ist das Verhältnis der Naß-Reißkraft zur Normalklima-Reißkraft.

1.6.2. *Grab-Naß-Reißkraft-Verhältnis* ist das Verhältnis der Grab-Naß-Reißkraft zur Grab-Normalklima-Reißkraft.

1.6.3. *Naß-Reißkraftverlust-Verhältnis* ist die Differenz aus der Normalklima-Reißkraft und der kleineren Naß-Reißkraft, bezogen auf die Normalklima-Reißkraft.

1.6.4. *Darrtrocken-Reißkraft-Verhältnis* ist das Verhältnis der Darrtrocken-Reißkraft zur Normalklima-Reißkraft.

1.6.5. *Knoten-Reißkraft-Verhältnis* ist das Verhältnis der Knoten-Reißkraft zur Normalklima-Reißkraft.

1.6.6. *Schlingen-Reißkraft-Verhältnis* ist das Verhältnis der halben Schlingen-Reißkraft zur Normalklima-Reißkraft.

1.6.7. *Quernaht-Reißkraft-Verhältnis* ist das Verhältnis der Quernaht-Reißkraft zur Gewebe-Reißkraft.

1.6.8. *Restzugkraft-Verhältnis* ist das Verhältnis der Restzugkraft nach einer bestimmten Zeit zur Zugkraft zu Beginn des Versuchs in einem auf konstanter Dehnung gehaltenen Prüfling.

1.6.9. *Queraufnäh-Reißkraft-Verhältnis* ist das Verhältnis der Queraufnäh-Reißkraft zur im normalen Zugversuch gemessenen Reißkraft.

1.6.10. *Arbeits-Höchstkraft-Verhältnis* ist das Verhältnis der Reißkraft eines neuen Seiles zur Arbeits-Höchstkraft, das aus Sicherheitsgründen nicht unterschritten werden darf.

1.6.11. *Seilreißkraft-Verhältnis* ist das Verhältnis der berechneten Reißkraft eines Seiles zur gemessenen Reißkraft der das Seil aufbauenden Fäden. Das Seilreißkraft-Verhältnis ist abhängig von der Konstruktion des Seiles.

1.6.12. *Dehnungsspiel-Höchstkraft-Verhältnis* ist das Verhältnis der Höchstkraft beim 5. Dehnungsspiel zur Höchstkraft beim 1. Dehnungsspiel im Zugelastizitätsversuch.

1.6.13. *Entlastungszugkraft-Belastungszugkraft-Verhältnis* ist das Verhältnis der Zugkraft bei einer bestimmten Dehnung, gemessen auf der Entlastungskurve, zu derjenigen auf der Belastungskurve für jedes Dehnungsspiel.

1.6.14. *Entlastungszugkraft-Belastungszugkraft-Doppelverhältnis* ist das Verhältnis des Entlastungszugkraft-Belastungszugkraft-Verhältnisses des 5. Dehnungsspieles zu denjenigen des 1. Dehnungsspieles.

1.6.15. *Dehnungsspiel-Zugkraft-Höchstkraft-Verhältnis* ist das Verhältnis der Zugkraft auf der Belastungskurve des 5. Dehnungsspieles bei der Hälfte der oberen Dehnung zur Höchstkraft des 5. Dehnungsspieles.

1.6.16. *Quer-Längs-Nullängen-Reißkraft-Verhältnis* ist das Verhältnis der Nullängen-Reißkraft in Querrichtung zur Nullängen-Reißkraft in Längsrichtung eines Flächengebildes.

1.6.17. *Kantenscheuer-Reißkraftverlust-Verhältnis* ist das Verhältnis des beim Kantenscheuern eines Gewebestreifens entstehenden Reißkraftverlustes zur Reißkraft des ungescheuerten Streifens.

1.6.18. *Tieftemperatur-Zugkraft-Verhältnis* ist das Verhältnis der Zugkraft bei festgelegter tiefer Temperatur zur Normalklima-Zugkraft unter jeweils gleicher Dehnung.

1.6.19. *Naß-Reißkraftgewinn-Verhältnis* ist die Differenz aus der Normalklima-Reißkraft und der größeren Naß-Reißkraft, bezogen auf die Normalklima-Reißkraft.

1.6.20. *Verbinder-Reißkraft-Verhältnis* ist das Verhältnis der Reißkraft eines mittels Verbinder zusammengehaltenen Gurtes und der Gurt-Reißkraft.

1.7. *Feinheitsbezogene Zugkraft*

1.7.1. *Zugkraftlänge* ist die Länge eines zu prüfenden Materials, dessen Masse am Ort der Normfallbeschleunigung zahlenmäßig gleich der Zugkraft ist.

1.7.2. *Reißlänge* ist die Länge eines zu prüfenden Materials, dessen Masse am Ort der Normfallbeschleunigung gleich der Reißkraft ist.

1.7.3. *Denierbezogene Reißkraft* ist der Quotient aus der Reißkraft in Pond und der Feinheit in Denier.

1.7.4. *Feinheitsbezogene Vorspannkraft* ist der Quotient aus der Vorspannkraft und der Feinheit (Masse je Längeneinheit) oder das Produkt aus der Vorspannkraft und der Nummer (Länge je Masseneinheit).

1.7.5. *Standardisierte texbezogene Vorspannkraft* ist die meist mit $(0{,}5 \pm 0{,}1)$ p/tex beim Normalklima-Zugversuch und mit $(0{,}25 \pm 0{,}05)$ p/tex beim Naß-Zugversuch festgelegte texbezogene Vorspannkraft.

1.7.6. *Faserband-Reißlänge* ist die Reißlänge eines ungedrehten Faserbandes.

1.7.7. *Wirkreißlänge* ist das Produkt aus der Reißlänge und dem Verhältnis aus den Prüflingslängen im gedehnten und ungedehnten Zustand.

1.7.8. *Normalklima-Reißlänge* ist die beim Zugversuch an Prüflingen, die dem Normalklima angeglichen sind, ermittelte Reißlänge.

1.7.9. *Denierbezogene Normalklima-Reißkraft* ist die im Normalklima-Zugversuch ermittelte denierbezogene Reißkraft.

1.7.10. *Naß-Reißlänge* ist die beim Zugversuch an Prüflingen, die unter bestimmten Bedingungen genetzt oder durchnäßt worden sind, ermittelte Reißlänge.

1.7.11. *Denierbezogene Naß-Reißkraft* ist die im Naß-Zugversuch ermittelte denierbezogene Reißkraft.

1.7.12. *Trocken-Reißlänge* ist die Reißlänge beim Zugversuch an getrockneten Prüflingen.

1.7.13. *Denierbezogene Trocken-Reißkraft* ist die im Trocken-Zugversuch ermittelte denierbezogene Reißkraft.

1.7.14. *Bündel-Reißlänge* ist die Reißlänge beim Bündel-Zugversuch.

1.7.15. *Texbezogene Schlingen-*Reißkraft ist die im Schlingen-Zugversuch ermittelte texbezogene Reißkraft.

1.7.16. *Texbezogene Knoten-Reißkraft* ist die im Knoten-Zugversuch ermittelte texbezogene Reißkraft.

1.7.17. *Texbezogene Einzelfaden-Reißkraft* ist die im Einzelfaden-Zugversuch ermittelte texbezogene Reißkraft.

1.7.18. *Texbezogene Strang-Reißkraft* ist die im Strang-Zugversuch ermittelte texbezogene Reißkraft.

1.7.19. *Strang-Bruchfaktor* ist der Quotient aus der Strang-Reißkraft und der Feinheit des Einzelfadens oder das Produkt aus der Strang-Reißkraft und der Nummer des Einzelfadens. Eine Angabe des Strang-Bruchfaktors muß die Anzahl der Fäden enthalten, die im Strang gleichzeitig beansprucht werden.

1.7.20. *Feinheitsbezogene Streifen-Reißkraft* ist der Quotient aus der Streifen-Reißkraft und dem der Feinheit entsprechenden Produkt aus der Masse je Flächeneinheit und tragender Streifenbreite.

1.7.21. *Faden- und feinheitsbezogene Streifen-Reißkraft* ist die mit dem Quotienten aus Ausarbeitungs-Verhältnis und Massenanteil multiplizierte feinheitsbezogene Streifen-Reißkraft.

1.7.22. *Massenanteil- und feinheitsbezogene Streifen-Reißkraft* ist der Quotient aus der feinheitsbezogenen Streifen-Reißkraft und dem Massenanteil des beanspruchten Fadensystems.

1.7.23. Dehnungsberichtigte massenanteil- und feinheitsbezogene Streifen-Reißkraft ist das Produkt aus der massenanteil- und feinheitsbezogenen Streifen-Reißkraft und dem Verhältnis der Prüflingslängen im gedehnten und ungedehnten Zustand.

1.7.24. Texbezogene Durchschnitts-Gewebe-Reißkraft ist die auf die Feinheit (in Tex) bezogene halbe Summe aus der mittleren Kett-Reißkraft und der mittleren Schuß-Reißkraft eines Gewebes.

1.7.25. Texbezogene Einzelfaser-Reißkraft ist die im Einzelfaser-Zugversuch ermittelte texbezogene Reißkraft.

1.7.26. Feinheitsbezogene Naß-Streifen-Reißkraft ist die im Naß-Streifen-Zugversuch ermittelte feinheitsbezogene Reißkraft.

1.7.27. Feinheitsbezogene Streifen-Zugkraft ist der Quotient aus der Streifen-Zugkraft und dem der Feinheit entsprechenden Produkt aus der Masse je Flächeneinheit und tragender Prüflingsbreite.

1.7.28. Faden- und feinheitsbezogene Streifen-Zugkraft ist die mit dem Quotienten aus Ausarbeitungs-Verhältnis und Massenanteil multiplizierte feinheitsbezogene Streifen-Zugkraft.

1.7.29. Denierbezogene Zugkraft ist der Quotient aus der Zugkraft in Pond und der Feinheit in Denier.

1.7.30. Nullängen-Reißlänge ist die an einem mit der Einspannlänge Null eingespannten Prüfling ermittelte Reißlänge.

1.7.31. Feinheitsbezogene Reißkraft ist der Quotient aus der Reißkraft und der Feinheit (Masse je Längeneinheit) oder das Produkt aus der Reißkraft und der Nummer (Länge je Masseneinheit).

1.7.32. Texbezogene Reißkraft ist der Quotient aus der Reißkraft in Pond und der Feinheit in Tex oder das Produkt aus der Feinheit und der metrischen Nummer.

1.7.33. Feinheitsbezogene Trocken-Reißkraft ist die im Trocken-Zugversuch ermittelte feinheitsbezogene Reißkraft.

1.7.34. Feinheitsbezogene Naß-Reißkraft ist die im Naß-Zugversuch ermittelte feinheitsbezogene Reißkraft.

1.7.35. Texbezogene Normalklima-Reißkraft ist die im Normalklima-Zugversuch ermittelte texbezogene Reißkraft.

1.7.36. Texbezogene Naß-Reißkraft ist die im Naß-Zugversuch ermittelte texbezogene Reißkraft.

1.7.37. Feinheitsbezogene Normalklima-Reißkraft ist die im Normalklima-Zugversuch ermittelte feinheitsbezogene Reißkraft.

1.7.38. Feinheitsbezogene Normalklima-Einzelfaden-Reißkraft ist die im Normalklima-Einzelfaden-Zugversuch ermittelte feinheitsbezogene Reißkraft.

1.7.39. Texbezogene Normalklima-Einzelfaden-Reißkraft ist die im Normalklima-Einzelfaden-Zugversuch ermittelte texbezogene Reißkraft.

1.7.40. Denierbezogene Normalklima-Einzelfaden-Reißkraft ist die im Normalklima-Einzelfaden-Zugversuch ermittelte denierbezogene Reißkraft.

1.7.41. Feinheitsbezogene Naß-Einzelfaden-Reißkraft ist die im Naß-Einzelfaden-Zugversuch ermittelte feinheitsbezogene Reißkraft.

1.7.42. Texbezogene Naß-Einzelfaden-Reißkraft ist die im Naß-Einzelfaden-Zugversuch ermittelte texbezogene Reißkraft.

1.7.43. Denierbezogene Naß-Einzelfaden-Reißkraft ist die im Naß-Einzelfaden-Zugversuch ermittelte denierbezogene Reißkraft.

1.7.44. Feinheitsbezogene Normalklima-Spinnkabel-Reißkraft ist die im Normalklima-Spinnkabel-Zugversuch ermittelte feinheitsbezogene Reißkraft.

1.7.45. Texbezogene Normalklima-Spinnkabel-Reißkraft ist die im Normalklima-Spinnkabel-Zugversuch ermittelte texbezogene Reißkraft.

1.7.46. Denierbezogene Normalklima-Spinnkabel-Reißkraft ist die im Normalklima-Spinnkabel-Zugversuch ermittelte denierbezogene Reißkraft.

1.7.47. Feinheitsbezogene Naß-Spinnkabel-Reißkraft ist die im Naß-Spinnkabel-Zugversuch ermittelte feinheitsbezogene Reißkraft.

1.7.48. Texbezogene Naß-Spinnkabel-Reißkraft ist die im Naß-Spinnkabel-Zugversuch ermittelte texbezogene Reißkraft.

1.7.49. Denierbezogene Naß-Spinnkabel-Reißkraft ist die im Naß-Spinnkabel-Zugversuch ermittelte denierbezogene Reißkraft.

1.7.50. Feinheitsbezogene Darrtrocken-Reißkraft ist die im Darrtrocken-Zugversuch ermittelte feinheitsbezogene Reißkraft.

1.7.51. Feinheitsbezogene Bündel-Reißkraft ist die im Bündel-Zugversuch ermittelte feinheitsbezogene Reißkraft.

1.7.52. Texbezogene Bündel-Reißkraft ist die im Bündel-Zugversuch ermittelte texbezogene Reißkraft.

1.7.53. Texbezogene Seil-Reißkraft ist die im Seil-Zugversuch ermittelte texbezogene Reißkraft.

1.7.54. Texbezogene Streifen-Reißkraft ist die im Streifen-Zugversuch ermittelte texbezogene Reißkraft.

1.7.55. Texbezogene Kett-Reißkraft ist der Quotient aus der Kett-Reißkraft und dem der Feinheit (in Tex) entsprechenden Produkt aus der Masse je Flächeneinheit und tragender Kettstreifenbreite eines Gewebes.

1.7.56. Texbezogene Schuß-Reißkraft ist der Quotient aus der Schuß-Reißkraft und dem der Feinheit (in Tex) entsprechenden Produkt aus der Masse je Flächeneinheit und tragender Schußstreifenbreite eines Gewebes.

1.7.57. Texbezogene Gesamt-Gewebe-Reißkraft ist die auf die Feinheit (in Tex) bezogene Summe aus der mittleren Kett-Reißkraft und der mittleren Schuß-Reißkraft eines Gewebes.

1.7.58. Feinheitsbezogene feuchteberichtigte Reißkraft ist der Quotient aus der feuchteberichtigten Reißkraft und der Feinheit (Masse je Längeneinheit) oder das Produkt aus der feuchteberichtigten Reißkraft und der Nummer (Länge je Masseneinheit).

1.7.59. Feinheitsbezogene Zugkraft ist der Quotient aus der Zugkraft und der Feinheit (Masse je Längeneinheit) oder das Produkt aus der Zugkraft und der Nummer (Länge je Masseneinheit).

1.7.60. Feinheitsbezogene Schlingen-Zugkraft ist die im Schlingen-Zugversuch ermittelte feinheitsbezogene Zugkraft.

1.7.61. Feinheitsbezogene Knoten-Zugkraft ist die im Knoten-Zugversuch ermittelte feinheitsbezogene Zugkraft

1.7.62. Feinheitsbezogene Bündel-Zugkraft ist die im Bündel-Zugversuch ermittelte feinheitsbezogene Zugkraft.

1.7.63. Feinheitsbezogene Strang-Zugkraft ist die im Strang-Zugversuch ermittelte feinheitsbezogene Zugkraft.

1.7.64. Feinheitsbezogene Naß-Zugkraft ist die im Naß-Zugversuch ermittelte feinheitsbezogene Zugkraft.

1.7.65. Feinheitsbezogene Knoten-Reißkraft ist die im Knoten-Zugversuch ermittelte feinheitsbezogene Reißkraft.

1.7.66. Feinheitsbezogene Schlingen-Reißkraft ist die im Schlingen-Zugversuch ermittelte feinheitsbezogene Reißkraft.

1.7.67. Feinheitsbezogene Strang-Reißkraft ist die im Strang-*Zugversuch* ermittelte feinheitsbezogene Reißkraft.

1.7.68. Texbezogene Vorspannkraft ist der Quotient aus der Vorspannkraft und der Feinheit (in Tex) oder das Produkt aus der Vorspannkraft und der metrischen Nummer.

1.8. *Verhältnisse der feinheitsbezogenen Zugkraft*

1.8.1. *Naß-Reißlängen-Verhältnis* ist das Verhältnis der Naß-Reißlänge zur Normalklima-Reißlänge.

1.8.2. *Texbezogenes Naß-Reißkraftverlust-Verhältnis* ist die Differenz aus der texbezogenen Normalklima-Reißkraft und der kleineren texbezogenen Naß-Reißkraft, bezogen auf die texbezogene Normalklima-Reißkraft.

1.8.3. *Verarbeitungs-Güteverhältnis* ist das Verhältnis der auf die tragenden Fäden bezogenen Streifen-Reißlänge zur Einzelfaden-Reißlänge.

1.8.4. *Texbezogenes Naß-Reißkraftgewinn-Verhältnis* ist die Differenz aus der texbezogenen Normalklima-Reißkraft und der größeren texbezogenen Naß-Reißkraft, bezogen auf die texbezogene Normalklima-Reißkraft.

1.8.5. *Texbezogenes Naß-Reißkraft-Verhältnis* ist das Verhältnis der texbezogenen Naß-Reißkraft zur texbezogenen Normalklima-Reißkraft.

1.9. *Massebezogene Zugkraft*

1.9.1. *Massebezogene Reißkraft* ist der Quotient aus der Reißkraft und der Masse des gerissenen Prüflings.

1.9.2. *Massebezogene Bündel-Reißkraft* ist der Quotient aus der Bündel-Reißkraft und der Masse des gerissenen Bündels.

1.9.3. *Flächenmassebezogene Elmendorf-Weiterreißkraft* ist das Hundertfache des Quotienten aus der Elmendorf-Weiterreißkraft und der Masse je Flächeneinheit des Prüflings.

1.10. *Querschnittsflächen*

1.10.1. *Anfangsquerschnitt* ist bei Prüflingen ohne Einschnürung der Quotient aus der Feinheit des Prüflings und seiner Dichte im Normalzustand.

1.10.2. *Querschnitt während des Zugversuchs* ist bei Prüflingen ohne Einschnürung das Produkt aus dem Anfangsquerschnitt und dem Quotienten aus den Prüflingslängen im ungedehnten und gedehnten Zustand.

1.10.3. *Querschnitt nach dem Bruch* ist die kleinste Querschnittsfläche des Prüflings nach dem Bruch.

1.10.4. *Bruch-Anfangsquerschnitts-Verhältnis* ist das Verhältnis von der Differenz aus Anfangsquerschnitt und Querschnitt nach dem Bruch zum Anfangsquerschnitt des Prüflings.

1.10.5. *Bruch-Endquerschnitts-Verhältnis* ist das Verhältnis von der Differenz aus Anfangsquerschnitt und Querschnitt nach dem Bruch zum Querschnitt nach dem Bruch des Prüflings.

1.10.6. *Anfangsquerschnitt-Bruchquerschnitt-Differenz* ist die Differenz zwischen dem Anfangsquerschnitt eines Zugversuch-Prüflings und seiner kleinsten Querschnittsfläche nach dem Bruch.

1.10.7. *Bruchkraftquerschnitt-Anfangsquerschnitt-Verhältnis* ist das Verhältnis von der Differenz aus Anfangsquerschnitt und Querschnitt bei der Bruchkraft zum Anfangsquerschnitt des Prüflings.

1.11. *Zugspannungen*

1.11.1. *Zug-Nennspannung* ist der Quotient aus der Zugkraft und dem Anfangsquerschnitt des Prüflings.

1.11.2. *Zug-Wirkspannung* ist der Quotient aus der Zugkraft und dem Querschnitt des Prüflings während des Zugversuchs.

1.11.3. *Reiß-Nennspannung* ist der Quotient aus der Reißkraft und dem Anfangsquerschnitt des Prüflings oder das Produkt aus der texbezogenen Reißkraft und der Dichte im Normalzustand.

1.11.4. *Reiß-Wirkspannung* ist der Quotient aus der Reißkraft und dem Querschnitt des Prüflings bei der Reißkraft.

1.11.5. *Elastizitätsgrenzen-Wirkspannung* ist die Zug-Wirkspannung, oberhalb der nach ihrer Entfernung vom Prüfling eine bleibende Längenänderung zurückbleibt.

1.11.6. *Bündel-Reiß-Nennspannung* ist der Quotient aus der Bündel-Reißkraft und dem Anfangsquerschnitt des Bündels.

1.11.7. *Scheinbare Reiß-Nennspannung* ist der Quotient aus der Reißkraft und dem Produkt aus Breite und Dicke des Prüflings.

1.11.8. *Faden- und feinheitsbezogene Reiß-Nennspannung* ist das Produkt aus der faden- und feinheitsbezogenen Streifen-Reißkraft und der Dichte im Normalzustand.

1.11.9. *Faden- und feinheitsbezogene Reiß-Wirkspannung* ist das Produkt aus der faden- und feinheitsbezogenen Reiß-Nennspannung und dem Quotienten aus der Prüflingslänge im gedehnten und ungedehnten Zustand.

1.11.10. *Bruch-Nennspannung* ist der Quotient aus der Bruchkraft und dem Anfangsquerschnitt des Prüflings.

1.11.11. *Streckgrenzen-Nennspannung* ist der Quotient aus der Streckgrenzen-Zugkraft und dem Anfangsquerschnitt des Prüflings.

1.11.12. *Proportionalitätsgrenzen-Nennspannung* ist der Quotient aus der Proportionalitätsgrenzen-Zugkraft und dem Anfangsquerschnitt des Prüflings.

1.11.13. *Dehngrenzen-Nennspannung* ist der Quotient aus der Dehngrenzen-Zugkraft und dem Anfangsquerschnitt des Prüflings.

1.11.14. *Proportionalitätsabweichungsgrenzen-Nennspannung* ist der Quotient aus der Proportionalitätsabweichungsgrenzen-Zugkraft und dem Anfangsquerschnitt des Prüflings.

1.11.15. *Faden- und feinheitsbezogene Zug-Nennspannung* ist das Produkt aus der faden- und feinheitsbezogenen Streifen-Zugkraft und der Dichte im Normalzustand.

1.11.16. *Faden- und feinheitsbezogene Zug-Wirkspannung* ist das Produkt aus der faden- und feinheitsbezogenen Zug-Nennspannung und dem Quotienten aus der Prüflingslänge im gedehnten und ungedehnten Zustand.

1.11.17. *Trenn-Spannung* ist die auf dem beanspruchten Prüflingsquerschnit bezogene Höchstkraft beim Zugversuch senkrecht zur Plattenebene an plattenförmigen Flächengebilden.

1.11.18. *Bezugs-Nennspannung* ist die Zugkraft bei einer bestimmten Dehnung, bezogen auf den Anfangsquerschnitt des Prüflings.

1.11.19. *Knoten-Reiß-Nennspannung* ist der Quotient aus der Knoten-Reißkraft und dem Anfangsquerschnitt des Prüflings.

1.11.20. *Obere Streckgrenzen-Nennspannung* ist die auf den Anfangsquerschnitt des Prüflings bezogene Kraft bei der die Kraft-Längenänderungs-Kurve plötzlich eine merkliche bleibende Längenänderung und ein Wiederabsinken der Kraft zeigt.

1.11.21. *Untere Streckengrenzen-Nennspannung* ist die auf den Anfangsquerschnitt des Prüflings bezogene Kraft, bei der die Kraft-Längenänderungs-Kurve unmittelbar nach der oberen Streckgrenze ein Minimum der Kraft zeigt.

1.11.22. *Kriechbruch-Nennspannung* ist die Zug-Nennspannung, bei der der unter einer konstanten Prüfkraft stehende Prüfling nach einer vorgegebenen Zeit bricht.

1.11.23. *Kriechgrenzen-Nennspannung* ist die Zug-Nennspannung, bei der der unter einer konstanten Prüfkraft stehende Prüfling nach einer vorgegebenen Zeit eine vorgegebene Dehnung erreicht.

1.11.24. *Anfangs-Kriechgrenzen-Nennspannung* ist die Zug-Nennspannung, bei der der unter einer konstanten Prüfkraft stehende Prüfling sofort die gewünschte Dehnung erreicht.

1.11.25. *Relaxations-Nennspannung* ist die zeitabhängige Abnahme der Zug-Nennspannung in einem auf konstanter Dehnung gehaltenen Prüfling.

1.11.26. *Bruchspannung* ist der Quotient aus der Bruchkraft und dem Querschnitt des Prüflings bei der Bruchkraft.

1.11.27. *Erste Nullneigungs-Nennspannung* ist die Zug-Nennspannung, die dem ersten Punkt der Spannungs-Dehnungs-Kurve, bei dem die Tangente an die Kurve waagerecht liegt, zugeordnet ist.

1.11.28. *Sofortige Relaxations-Nennspannung* ist die sich im Spannungs-Relaxations-Versuch unmittelbar nach Erreichen einer vorgegebenen Dehnung einstellende Zug-Nennspannung.

1.11.29. *Zeitabhängige Relaxations-Nennspannung* ist die sich im Spannungs-Relaxations-Versuch nach einer bestimmten Zeit einstellende Zug-Nennspannung.

1.11.30. *Bezugs-Wirkspannung* ist die Zugkraft bei einer bestimmten Dehnung, bezogen auf den Querschnitt des Prüflings bei dieser Dehnung.

1.11.31. *Naß-Bruch-Nennspannung* ist der Quotient aus der Naß-Bruchkraft und dem Anfangsquerschnitt des Prüflings.

1.11.32. *Konstante Prüf-Nennspannung* ist der Quotient aus der konstanten Prüfkraft und dem Anfangsquerschnitt des Prüflings.

1.11.33. *1000Stunden-Kriechbruch-Nennspannung* ist die Kriech-Nennspannung, bei der ein Prüfling nach einer Kriechdauer von 1000 Stunden bricht.

1.11.34. *1%-1000Stunden-Kriechgrenzen-Nennspannung* ist die Kriech-Nennspannung, bei der ein Prüfling nach einer Kriechdauer von 1000 Stunden eine Dehnung von 1% erreicht hat.

1.12. *Längen*

1.12.1. *Einspannlänge* ist der längs des Prüflings gemessene Abstand zwischen den gegenüberliegenden Kanten der beiden Klemmen eines Prüfgerätes.

1.12.2. *Ausgangslänge* ist die unter einer festgelegten Zugkraft ermittelte Länge eines Prüflings zwischen zwei Meßmarken vor der Zugbeanspruchung. Beim Zugversuch stimmen im allgemeinen die Ausgangslänge und die Einspannlänge überein.

1.12.3. *Wirksame Einspannlänge* ist das Produkt aus der Einspannlänge und dem Quotienten aus den Dehnungen bei der wirksamen Einspannlänge und der Ausgangslänge.

1.12.4. *Fadengleitlänge* ist die maximale Öffnung, die im Querfadensystem eines Gewebes entsteht, das unter definierten Bedingungen zwischen zwei belasteten Gummizylindern hindurchgezogen wird.

1.12.5. *Mittlere Nahtöffnung* ist der Mittelwert der maximalen Öffnungen im Querfadensystem von mit Quernaht versehenen Gewebestreifen bei einer konstanten vorgegebenen Zugkraft.

1.12.6. *Dehnungsfähigkeit* ist die Gesamtlänge eines Prüflings, die er unter einer festgelegten Zugkraft bei einer bestimmten Einspannlänge annimmt.

1.12.7. *Reißkraft-Meßlänge* ist der Abstand zwischen den beiden, die Ausgangslänge einschließenden Markierungen des unter der Reißkraft stehenden Prüflings.

1.12.8. *Bruchkraft-Meßlänge* ist der Abstand zwischen den beiden, die Ausgangslänge einschließenden Markierungen des unter der Bruchkraft stehenden Prüflings oder der nach dem Bruch genau passend zusammengelegten Bruchstücke des Prüflings.

1.12.9. *Zugkraft-Meßlänge* ist die in jedem Augenblick des Zugversuchs zwischen den definierten Markierungen der Ausgangslänge des Prüflings gemessene Länge.

1.12.10. *Streckgrenzen-Meßlänge* ist der Abstand zwischen den beiden, die Ausgangslänge einschließenden Markierungen des Prüflings bei Erreichen der Streckgrenzen-Zugkraft.

1.12.11. *Dehnungsmeßgerät-Meßlänge* ist die Länge des Prüflingsteiles konstanter Dicke, an dem seine Dehnung mit Hilfe eines Dehnungsmeßgerätes gemessen wird.

1.12.12. *Konstantdehnungs-Meßlänge* ist der Abstand zwischen den beiden, die Ausgangslänge einschließenden Markierungen des auf eine konstante Dehnung gebrachten Prüflings.

1.12.13. *Konstantquerschnitts-Länge* ist die größte, gegebenenfalls markierte Länge, über die der Prüfling eine konstante Querschnittsfläche besitzt.

1.12.14. *Weiterreiß-Länge* ist die Strecke, um die ein eingeschnittener Prüfling während des Weiterreiß-Versuchs weiterreißt.

1.12.15. *Hochtemperatur-Ausgangslänge* ist der Abstand zwischen den beiden, die Ausgangslänge einschließenden Markierungen des bei höherer Temperatur unter Vorspannkraft stehenden Prüflings.

1.12.16. *Hochtemperatur-Zugkraft-Meßlänge* ist der Abstand zwischen den beiden, die Ausgangslänge einschließenden Markierungen des bei höherer Temperatur unter einer Zugkraft stehenden Prüflings.

1.12.17. *Hochtemperatur-Entlastungs-Ausgangslänge* ist der Abstand zwischen den beiden, die Ausgangslänge einschließenden Markierungen des bei höherer Temperatur von einer Zugkraft entlasteten und wieder unter Vorspannkraft stehenden Prüflings.

1.12.18. *Vortrennstrecke* ist die an einem Prüfling des Trennversuchs markierte Strecke, in der die haftend verbundenen Lagen ohne Trennkraftermittlung auseinandergezogen werden.

1.12.19. *Trennstrecke* ist die an einem Prüfling des Trennversuchs markierte Strecke, in der die haftend verbundenen Lagen unter Ermittlung der Trennkraft auseinandergezogen werden.

1.12.20. *Trennweg* ist beim Trennversuch der Weg der ziehenden unteren Klemme, der nötig ist, um in der Trennstrecke die haftend verbundenen Lagen auseinanderzuziehen. Der Trennweg enthält damit auch die Längenänderung beider Lagen des Prüflings.

1.13. *Längenänderungen*

1.13.1. *Längenänderung* ist in jedem Zeitpunkt des Zugversuchs die Differenz zwischen Meßlänge und Ausgangslänge.

1.13.2. *Reißkraft-Längenänderung* ist die Differenz zwischen Reißkraft-Meßlänge und Ausgangslänge.

1.13.3. *Bruchkraft-Längenänderung* ist die Differenz zwischen der Bruchkraft-Meßlänge und der Ausgangslänge.

1.13.4. *Zugkraft-Längenänderung* ist die Differenz zwischen Zugkraft-Meßlänge und der Ausgangslänge.

1.13.5. *Konstantzugkraft-Längenänderung* ist die Differenz zwischen Konstantzugkraft-Meßlänge und Ausgangslänge.

1.13.6. *Klemmenfehler* ist die Differenz zwischen wirksamer Einspannlänge und Einspannlänge.

1.13.7. *Gesamtlängenänderung* ist die Differenz zwischen der Länge des Prüflings unter Belastung und der Ausgangslänge.

1.13.8. *Restlängenänderung* ist die Differenz zwischen der Länge des Prüflings nach der völligen Entlastung und einer anschließend an eine vereinbarte Ruhedauer vorgenommenen Wiederbelastung mit der Vorspannkraft und der Ausgangslänge.

1.13.9. *Bleibende Längenänderung* ist die Vergrößerung der Länge, die nach Aufheben der Zugkraft auch nach Ablauf einer mehr oder weniger langen Zeit nicht verschwindet.

1.13.10. *Elastische Längenänderung* ist die Differenz zwischen der Gesamtlängenänderung und der bleibenden Längenänderung.

1.13.11. *Maximale elastische Längenänderung* ist die größte im Zugversuch auftretende elastische Längenänderung.

1.13.12. *Sofortige elastische Längenänderung* ist die im wesentlichen von der Zeit unabhängige, rückbildbare Längenänderung, die unmittelbar nach Aufbringen der Zugkraft entsteht und unmittelbar nach Entfernen der Zugkraft verschwindet.

1.13.13. *Rückbildbare Längenänderung* ist die Vergrößerung der Länge, die nach Aufheben der Zugkraft nach Ablauf einer mehr oder weniger langen Zeit verschwindet.

1.13.14. *Zeitabhängige Längenänderung* ist die unter einer kontinuierlich wirkenden Zugkraft entstehende, nach Entfernen der Kraft teils bleibende, teils elastische Längenänderung.

1.13.15. *Normalklima-Längenänderung* ist die in jedem Zeitpunkt des Zugversuchs gemessene Längenänderung an Prüflingen, die an das Normalklima angeglichen worden sind.

1.13.16. *Naß-Längenänderung* ist die in jedem Zeitpunkt des Zugversuchs gemessene Längenänderung an Prüflingen, die unter bestimmten Bedingungen genetzt oder durchnäßt worden sind.

1.13.17. *Bruch-Grenzlängenänderung* ist eine aus der Belastungs-Erholungs-Kurve elastischer Bänder oder Gewebe konstruktiv ermittelte Längenänderung, die der beim Gebrauch auftretenden Längenänderung vergleichbar ist.

1.13.18. *Längsnaht-Längenänderung* ist die unter Einwirkung einer in Naht-Längsrichtung wirkenden Zugkraft hervorgerufene Differenz zwischen der gemessenen Nahtlänge des Prüflings und der ursprünglichen Nahtlänge (Einspannlänge oder Ausgangslänge).

1.13.19. *Maximale Fadenverschiebung* ist die größte Öffnung, die beim Herausziehen eines Gewebestreifens zwischen zwei aufeinandergepreßten Platten durch Verschieben der Querfäden entsteht.

1.13.20. *Korrigierte Reißkraft-Längenänderung* ist die Differenz zwischen der gemessenen Reißkraft-Längenänderung und dem Klemmenfehler.

1.13.21. *Längsnaht-Reißkraft-Längenänderung* ist die unter Einwirkung der Längsnaht-Reißkraft vorhandene Reißkraft-Längenänderung beim Reißen des ersten Stiches der Nahtverbindung.

1.13.22. *Darrtrocken-Reißkraft-Längenänderung* ist die Differenz zwischen der Darrtrocken-Reißkraft-Meßlänge und der Ausgangslänge.

1.13.23. *Bleibende Bruchkraft-Längenänderung* ist die bei Belastung bis kurz vor die Bruchkraft und anschließende Entlastung festgestellte oder die nach dem Bruch gemessene bleibende Längenänderung.

1.13.24. *Streckgrenzen-Längenänderung* ist die Längenänderung in dem Moment des Zugversuchs, in dem die Tangente an die Kraft-Längenänderungs-Kurve zum ersten Mal waagerecht liegt.

1.13.25. *Elastizitätsgrenzen-Längenänderung* ist die Längenänderung, oberhalb der nach der Entlastung eine bestimmte, vereinbarte, bleibende Längenänderung auftritt.

1.13.26. *Proportionalitätsabweichungsgrenzen-Längenänderung* ist die Längenänderung, die der Proportionalitätsabweichungsgrenze zugeordnet ist.

1.14. *Zugdehnung*

1.14.1. *Dehnung* ist in jedem Moment des Zugversuchs das Verhältnis der einer bestimmten Zugkraft zugeordneten Längenänderung und der Ausgangslänge.

1.14.2. *Reißdehnung* ist die Dehnung bei der Reißkraft.

1.14.3. *Bruchdehnung* ist die Dehnung bei der Bruchkraft.

1.14.4. *Konstantzugkraft-Dehnung* ist die Dehnung bei einer vorgeschriebenen Zugkraft nach Erreichen eines Gleichgewichtszustandes.

1.14.5. *Gesamtdehnung* ist das Verhältnis der Gesamt-Längenänderung zur Ausgangslänge des Prüflings.

1.14.6. *Bleibende Dehnung* ist die nach der völligen Entlastung und einer anschließend an eine vereinbarte Ruhedauer vorgenommene Wiederbelastung mit der Vorspannkraft gemessene Dehnung.

1.14.7. *Elastische Dehnung* ist die Differenz zwischen Gesamtdehnung und bleibender Dehnung.

1.14.8. *Maximale elastische Dehnung* ist die größte, im Zugversuch auftretende elastische Dehnung.

1.14.9. *Normalklima-Reißdehnung* ist die Reißdehnung an Prüflingen, die an das Normalklima angeglichen worden sind.

1.14.10. *Normalklima-Bruchdehnung* ist die Bruchdehnung an Prüflingen, die an das Normalklima angeglichen worden sind.

1.14.11. *Feuchteberichtigte Reißdehnung* ist das Produkt aus der bei einem beliebigen Feuchtesatz gemessenen Reißdehnung und einem Faktor, der den Unterschied zwischen dem vorhandenen und dem geforderten Feuchtesatz berücksichtigt.

1.14.12. *Naß-Dehnung* ist die beim Zugversuch gemessene Dehnung an Prüflingen, die unter bestimmten Bedingungen genetzt oder durchnäßt worden sind.

1.14.13. *Naß-Reißdehnung* ist die beim Zugversuch gemessene Reißdehnung an Prüflingen, die unter bestimmten Bedingungen genetzt oder durchnäßt worden sind.

1.14.14. *Naß-Bruchdehnung* ist die beim Zugversuch gemessene Bruchdehnung an Prüflingen, die unter bestimmten Bedingungen genetzt oder durchnäßt worden sind.

1.14.15. *Trocken-Dehnung* ist die beim Zugversuch an getrockneten Prüflingen gemessene Dehnung.

1.14.16. *Trocken-Reißdehnung* ist die beim Zugversuch an getrockneten Prüflingen gemessene Reißdehnung.

1.14.17. *Trocken-Bruchdehnung* ist die beim Zugversuch an getrockneten Prüflingen gemessene Bruchdehnung.

1.14.18. *Darrtrocken-Dehnung* ist die an vor der Prüfung bei 107 °C ± 2 grd bis zur Massekonstanz getrockneten Prüflingen bestimmte Trocken-Dehnung.

1.14.19. *Darrtrocken-Reißdehnung* ist die Darrtrocken-Dehnung bei der Reißkraft.

1.14.20. *Darrtrocken-Bruchdehnung* ist die Darrtrocken-Dehnung bei der Bruchkraft.

1.14.21. *Darrtrocken-Bezugsdehnung* ist die Darrtrocken-Dehnung bei einer bestimmten Zugkraft (z. B. 4,5 kp).

1.14.22. *Einzelfaser-Reißdehnung* ist die an einer Einzelfaser gemessene Reißdehnung.

1.14.23. *Bündel-Reißdehnung* ist die an einem Faserbündel gemessene Reißdehnung.

1.14.24. *Haftdehnung* ist die beim Zugversuch an Faserbändern gemessene Bruchdehnung.

1.14.25. *Grab-Reißdehnung* ist die beim Grab-Zugversuch gemessene Reißdehnung.

1.14.26. *Längsnaht-Reißdehnung* ist der Quotient aus der Längsnaht-Reißkraft-Längenänderung und der ursprünglichen Nahtlänge (Einspannlänge oder Ausgangslänge).

1.14.27. *Einzelfaden-Reißdehnung* ist die an einem Einzelfaden gemessene Reißdehnung.

1.14.28. *Proportionalitätsgrenzen-Dehnung* ist die Dehnung, oberhalb der die Spannungen den Dehnungen nicht mehr proportional sind.

1.14.29. *Bleibende Bruchdehnung* ist der Quotient aus der bleibenden Bruchkraft-Längenänderung und der Ausgangslänge.

1.14.30. *Längsnaht-Dehnung* ist der Quotient aus der Längsnaht-Längenänderung und der ursprünglichen Nahtlänge (Einspannlänge oder Ausgangslänge).

1.14.31. *Elastische Vorbeanspruchungs-Dehnung* ist die nach einem bestimmten Vorbeanspruchungsprogramm (z. B. wiederholten Lastwechseln) unmittelbar nach der Entlastung gemessene Dehnung.

1.14.32. *Bleibende Vorbeanspruchungs-Dehnung* ist die nach einem bestimmten Vorbeanspruchungsprogramm (z. B. wiederholten Lastwechseln) nach sehr langer Erholungszeit gemessene Dehnung.

1.14.33. *Entspannte bleibende Dehnung* ist die Änderung der Dehnung nach Entfernen der angewendeten Spannung sowie der inneren Spannungen, z. B. durch Kochen des Prüflings und anschließendes spannungsloses Trocknen.

1.14.34. *Angewandte Dehnung* ist die für eine Vorbeanspruchung vorgeschriebene Dehnung.

1.14.35. *Verzögert-elastische Dehnung nach Vorbeanspruchung* ist die nach einem bestimmten Vorbeanspruchungsprogramm (z. B. einer angewandten Dehnung) nach einer vorgegebenen Erholungszeit gemessene Dehnung.

1.14.36. *Zeitabhängige Dehnung* ist der Quotient aus der zeitabhängigen Längenänderung und der Ausgangslänge.

1.14.37. *Mittlere Reißdehnung* ist das arithmetische Mittel der Reißdehnungen der einzelnen Prüflinge einer Versuchsreihe.

1.14.38. *Elastizitätsgrenzen-Dehnung* ist die Dehnung, oberhalb der nach der Entlastung eine bestimmte, vereinbarte, bleibende Dehnung auftritt.

1.14.39. *Seil-Reißdehnung* ist die an einem Seil gemessene Reißdehnung.

1.14.40. *Quernaht-Reißdehnung* ist die der Quernaht-Reißkraft zugeordnete Reißdehnung.

1.14.41. *Scheinbare Dehnung* ist das Verhältnis aus der Zugkraft-Längenänderung und der Einspannlänge, wenn ein Teil des Prüflings aus den Einspannklemmen herausgezogen wird.

1.14.42. *Logarithmische Dehnung* ist der natürliche Logarithmus des Verhältnisses der Zugkraft-Länge eines Prüflings und der Ausgangslänge.

1.14.43. *Verzögerte zeitabhängige Dehnung* ist die mit abnehmender Dehnungsgeschwindigkeit ablaufende zeitabhängige Dehnung.

1.14.44. *Konstante zeitabhängige Dehnung* ist die mit konstanter Dehnungsgeschwindigkeit ablaufende zeitabhängige Dehnung.

1.14.45. *Beschleunigte zeitabhängige Dehnung* ist die mit zunehmender Dehnungsgeschwindigkeit ablaufende zeitabhängige Dehnung.

1.14.46. *Zeitabhängige Erholung* ist die auf die zeitabhängige Dehnung nach Entlastung folgende Abnahme der Dehnung eines Prüflings.

1.14.47. *Sofortige Erholung* ist die unmittelbar nach der Entlastung eines Prüflings auftretende zeitabhängige Erholung.

1.14.48. *Sofortige Dehnung* ist die unmittelbar nach der Belastung eines Prüflings auftretende zeitabhängige Dehnung.

1.14.49. *Normalklima-Bezugsdehnung* ist die an vor der Prüfung an das Normalklima angeglichenen Prüflingen bei einer bestimmten Zugkraft (z. B. 4,5 kp) ermittelte Dehnung.

1.14.50. *Proportionalitätsabweichungsgrenzen-Dehnung* ist der Quotient aus der Proportionalitätsabweichungsgrenzen-Längenänderung und der Ausgangslänge.

1.14.51. *Proportionalitätsabweichungs-Dehnung* ist der vereinbarte Dehnungsbetrag um den eine Parallele zur Proportionalitätsgeraden zwischen Spannung und Dehnung von dieser abweicht.

1.14.52. *Knoten-Reißdehnung* ist die Reißdehnung im Knoten-Zugversuch.

1.14.53. *Schlingen-Reißdehnung* ist die Reißdehnung im Schlingen-Zugversuch.

1.14.54. *Einminuten-Dehnung* ist die eine Minute nach Aufbringen einer konstanten Prüfkraft gemessene Dehnung.

1.14.55. *Streckgrenzen-Dehnung* ist die der Streckgrenzen-Zugkraft zugeordnete Dehnung.

1.14.56. *Einzelfaden-Sollreißdehnung* ist die geforderte Mindest- oder Höchstreißdehnung eines Fadens.

1.14.57. *Bleibende Dehngrenzen-Dehnung* ist diejenige festgelegte bleibende Dehnung, die sich nach Entlasten des bis zur Dehngrenzen-Zugkraft belasteten Prüflings einstellt.

1.14.58. *Bleibende Streckgrenzen-Dehnung* ist diejenige bleibende Dehnung, die sich nach Entlasten des bis zur Streckgrenzen-Zugkraft belasteten Prüflings einstellt.

1.14.59. *Meßmarken-Dehnung* ist das Verhältnis aus der Zugkraft-Längenänderung und der Ausgangslänge.

1.14.60. *Bezugsdehnung* ist die bei einer bestimmten Zugkraft (z. B. 4,5 kp) ermittelte Dehnung.

1.14.61. *Cord-Reißdehnung* ist die beim Zugversuch an einem Cordfaden ermittelte Reißdehnung.

1.14.62. *Normalklima-Cord-Reißdehnung* ist die beim Zugversuch an einem dem Normalklima angeglichenen Cordfaden ermittelte Reißdehnung.

1.14.63. *Cord-Bezugsdehnung* ist die beim Zugversuch an einem Cordfaden bei einer bestimmten Zugkraft (z. B. 4,5 kp) ermittelte Dehnung.

1.14.64. *Normalklima-Cord-Bezugsdehnung* ist die beim Zugversuch an einem dem Normalklima angeglichenen Cordfaden bei einer bestimmten Zugkraft (z. B. 4,5 kp) ermittelte Dehnung.

1.14.65. *Normalklima-Einzelfaden-Reißdehnung* ist die beim Zugversuch an einem dem Normalklima angeglichenen Einzelfaden ermittelte Reißdehnung.

1.14.66. *Normalklima-Einzelfaden-Bezugsdehnung* ist die beim Zugversuch an einem dem Normalklima angeglichenen Einzelfaden ermittelte Bezugsdehnung.

1.14.67. *Darrtrocken-Cord-Reißdehnung* ist die beim Zugversuch an einem Cordfaden ermittelte Darrtrocken-Reißdehnung.

1.14.68. *Darrtrocken-Cord-Bezugsdehnung* ist die beim Zugversuch an einemCordfaden gemessene Darrtrocken-Bezugsdehnung.

1.14.69. *Naß-Einzelfaden-Reißdehnung* ist die beim Zugversuch an einem unter bestimmten Bedingungen genetzten oder durchnäßten Einzelfaden ermittelte Reißdehnung.

1.14.70. *Normalklima-Spinnkabel-Reißdehnung* ist die beim Zugversuch an einem dem Normalklima angeglichenen Spinnkabel-Prüfling ermittelte Reißdehnung.

1.14.71. *Naß-Spinnkabel-Reißdehnung* ist die beim Zugversuch an einem unter bestimmten Bedingungen genetzten oder durchnäßten Spinnkabel-Prüfling ermittelte Reißdehnung.

1.14.72. *Streckgrenzen-Proportionalitätsabweichungs-Dehnung* ist der gemessene Dehnungsbetrag, um den eine durch den niedrigsten Dehnungswert der unteren Streckgrenze gehende Parallele zur Proportionalitätsgeraden zwischen Spannung und Dehnung von dieser abweicht.

1.14.73. *Wiederanstiegs-Proportionalitätsabweichungs-Dehnung* ist der gemessene Dehnungsbetrag, um den eine durch den höchsten Dehnungswert der unteren Streckgrenze gehende Parallele zur Proportionalitätsgeraden zwischen Spannung und Dehnung von dieser abweicht.

1.14.74. *Normalklima-Einzelfaser-Reißdehnung* ist die beim Zugversuch an einer dem Normalklima angeglichenen Einzelfaser ermittelte Reißdehnung.

1.14.75. *Mittlere Einzelfaser-Reißdehnung* ist das arithmetische Mittel aus den Einzelfaser-Reißdehnungen.

1.14.76. *Naß-Einzelfaser-Reißdehnung* ist die beim Zugversuch an einer Einzelfaser, die unter bestimmten Bedingungen genetzt oder durchnäßt worden ist, ermittelte Reißdehnung.

1.14.77. *Hochtemperatur-Dehnung* ist die Differenz aus der Hochtemperatur-Zugkraft-Meßlänge und der Hochtemperatur-Ausgangslänge, bezogen auf die Ausgangslänge bei Raumtemperatur.

1.14.78. *Fließ-Bruchdehnung* ist die im Fließversuch bei konstanter Nennspannung auftretende Bruchdehnung.

1.14.79. *Streifen-Reißdehnung* ist die im Streifen-Zugversuch gemessene Reißdehnung.

1.14.80. *Einminuten-Erholung* ist die eine Minute nach der Entlastung gemessene zeitabhängige Erholung.

1.15. *Zugdehnungs-Verhältnisse*

1.15.1. *Elastisches Dehnungsverhältnis* ist das Verhältnis der rückgewinnbaren zur gesamten Dehnung, die einer Faser, einem Faden oder einem textilen Flächengebilde unter einem vorgegebenen Dehnungsgeschwindigkeits-Programm aufgeprägt wird. Es schließt die sofortige elastische Erholung und die verzögerte Erholung ein.

1.15.2. *Bleibendes Dehnungsverhältnis* ist das Verhältnis der bleibenden Dehnung zur Gesamtdehnung einer Faser, eines Fadens oder eines textilen Flächengebildes unter einem vorgegebenen Dehnungsgeschwindigkeits-Programm.

1.15.3. *Gesamtlängen-Verhältnis* ist das Verhältnis der Länge eines Prüflings bei einer bestimmten Zugkraft zur Länge bei einer bestimmten Vorspannkraft.

1.15.4. *Bruchkraft-Gesamtlängen-Verhältnis* ist das Verhältnis der Länge eines Prüflings bei der Bruchkraft zu seiner Länge bei einer bestimmten Vorspannkraft.

1.15.5. *Naß-Bruchdehnungs-Verhältnis* ist das Verhältnis der Naß-Bruchdehnung zur Normalklima-Bruchdehnung.

1.15.6. *Tieftemperatur-Dehnungsverhältnis* ist das Verhältnis der Dehnung bei festgelegter tiefer Temperatur zur Normalklima-Dehnung unter jeweils gleicher Zugkraft.

1.16. *Kraft-Längenänderungs-Kurven sowie abgeleitete Kurven und Kennwerte*

1.16.1. *Kraft-Längenänderungs-Kurve* ist die während des Zugversuchs durch Aufzeichnen der jeweiligen Zugkraft über der zugehörigen Längenänderung eines Prüflings entstehende Kurve.

1.16.2. *Spannungs-Dehnungs-Kurve* ist die während des Zugversuchs durch Aufzeichnen der jeweiligen Spannung über der zugehörigen Dehnung eines Prüflings entstehende Kurve.

1.16.3. *Zug-Hysterese-Kurve* ist die während wiederholter Belastung und Entlastung eines auf Zug beanspruchten Prüflings aufgezeichnete kraft-längenänderungs-, spannungs-dehnungs- oder feinheitsbezogene Zugkraft-Dehnungs-Kurve.

1.16.4. *Entlastungs-Erholungs-Kurve* ist eine Kraft-Längenänderungs-Kurve, die mit kontinuierlich von einer bestimmten Höhe auf Null abnehmenden Zugkräften aufgezeichnet wurde.

1.16.5. *Feinheitsbezogene Zugkraft-Dehnungs-Kurve* ist die während des Zugversuchs durch Aufzeichnen der jeweiligen feinheitsbezogenen Zugkraft über der zugehörigen Dehnung eines Prüflings entstehende Kurve.

1.16.6. *Belastungs-Erholungs-Kurve* ist eine Kraft-Längenänderungs-Kurve, deren Belastungs-Längenänderungs-Teil bei einer bestimmten Zugkraft abgebrochen wurde und durch unmittelbar anschließendes Rücklaufen der ziehenden Klemme der Entlastungs-Erholungs-Teil geschrieben wurde.

1.16.7. *Erster Spannungs-Dehnungs-Nullneigungspunkt* ist der erste Punkt der Spannungs-Dehnungs-Kurve, bei dem die Tangente an die Kurve waagerecht liegt.

1.16.8. *Zweiter Spannungs-Dehnungs-Nullneigungspunkt* ist der zweite Punkt der Spannungs-Dehnungs-Kurve, bei dem die Tangente an die Kurve waagerecht liegt.

1.16.9. *Proportionalitätsabweichungspunkt* ist derjenige Punkt der Spannungs-Dehnungs-Kurve, in dem eine durch ihn gelegte Parallele zur Proportionalitätsgeraden zwischen Spannung und Dehnung um einen vereinbarten Dehnungsbetrag von dieser abweicht.

1.16.10. *Zugkraft-Zeit-Kurve* ist die während eines Zugversuches oder nach dessen Ende durch Aufzeichnen der jeweiligen Zugkraft über der seit Versuchsbeginn vergangenen Zeit entstehende Kurve.

1.16.11. *Zugkraft-Dehnungs-Kurve* ist die während des Zugversuchs durch Aufzeichnen der jeweiligen Zugkraft über der zugehörigen Dehnung eines Prüflings entstehende Kurve.

1.16.12. *Reißpunkt* ist der der Reißkraft zugeordnete Punkt der Kraft-Längenänderungs-Kurve.

1.16.13. *Kraft-Weiterreißlängen-Kurve* ist die während des Weiterreiß-Versuchs durch Aufzeichnen der jeweiligen Zugkraft über der zugehörigen Weiterreißlänge eines Prüflings entstehende Kurve.

1.16.14. *Streifen-Trennkraft-Trennweg-Kurve* ist beim Trennversuch die Darstellung der Trennkraft über dem Trennweg.

1.16.15. *Nennspannungs-Zeit-Kurve* ist die während eines Zugversuchs oder nach dessen Ende durch Aufzeichnen der jeweiligen Zug-Nennspannung über der seit Versuchsbeginn vergangenen Zeit entstehende Kurve.

1.16.16. *Relaxationsmodul-Zeit-Kurve* ist die nach dem Spannungsrelaxations-Versuch durch Aufzeichnen des jeweiligen Relaxationsmoduls über der seit Versuchsbeginn vergangenen Zeit entstehende Kurve.

1.16.17. *Dehnungs-Zeit-Kurve* ist die während eines Zugversuchs oder nach dessen Ende durch Aufzeichnen der jeweiligen Dehnung über der seit Versuchsbeginn vergangenen Zeit entstehende Kurve.

1.16.18. *Zeitgleiche Nennspannungs-Dehnungs-Kriechkurve* ist die nach dem Kriechversuch aufgezeichnete Kurve der Nennspannungen über den jeweils nach gleichen *Kriechdauern* ermittelten Dehnungen.

1.16.19. *Kriechbruch-Nennspannungs-Kriechdauer-Kurve* ist die nach dem Kriechversuch aufgezeichnete Kurve der Kriechbruch-Nennspannung über der Kriechdauer.

1.16.20. *Kriech-Schaubild* ist eine zusammenfassende zweidimensionale Darstellung von Nennspannungs-Zeit-Kurven des Kriechversuchs für verschiedene vorgegebene Dehnungen, gegebenenfalls einschließlich der Kriechbruch-Nennspannungs-Kriechdauer-Kurve.

1.16.21. *Kriechmodul-Zeit-Kurve* ist die nach dem Kriechversuch durch Aufzeichnen des jeweiligen Kriechmoduls über der Kriechdauer entstehende Kurve.

1.17. *Moduli und Kehrwerte*

1.17.1. *Elastizitätsmodul* ist der Quotient aus der Spannungsänderung und der Dehnungsänderung innerhalb des elastischen Bereichs eines Materials. Er wird berechnet aus der in Kraft je Einheit der Querschnittsfläche angegebenen Spannung und der in Teilen der Ausgangslänge angegebenen Dehnung.

1.17.2. *Tangentenmodul* ist der Quotient aus der Spannungsänderung und der Dehnungsänderung zwischen zwei Punkten einer an irgendeinen Punkt der Spannungs-Dehnungs-Kurve angelegten Tangente.

1.17.3. *Sekantenmodul* ist der Quotient aus der Spannungsänderung und der Dehnungsänderung zwischen zwei Punkten der Spannungs-Dehnungs-Kurve.

1.17.4. *Anfangsmodul* ist der Quotient aus der Spannungsänderung und der Dehnungsänderung im geradlinigen Anfangsteil der Spannungs-Dehnungs-Kurve.

1.17.5. *Anfangs-Nachgiebigkeit* ist der Kehrwert des Anfangsmoduls.

1.17.6. *Zug-Anfangsmodul* ist der Anfangsmodul bei Zugbeanspruchung.

1.17.7. *Zug-Elastizitätsmodul* ist der Elastizitätsmodul bei Zugbeanspruchung.

1.17.8. *Cord-Modul* ist der Zug-Anfangsmodul, bei dessen Bestimmung die anfängliche, sich durch die Entfernung der „weichen Dehnung" ergebende, gekrümmte Teil der Spannungs-Dehnungs-Kurve vernachlässigt wird. Er stellt den Quotienten der Zugkraft in Pond für 100% Dehnung und der Feinheit in Tex oder Denier dar.

1.17.9. *Textiler Anfangsmodul* ist der Quotient aus der Spannungsänderung und der Dehnungsänderung in dem auf den Entkräuselungsbereich folgenden geradlinigen Anfangsteil der Spannungs-Dehnungs-Kurve.

1.17.10. *Nachgiebigkeit* ist der Kehrwert des Moduls.

1.17.11. *Anfangs-Sekantenmodul* ist der Sekantenmodul zwischen irgendeinem Punkt der Spannungs-Dehnungs-Kurve und der Spannung bei der Vorspannkraft.

1.17.12. *Kriechmodul* ist der Quotient aus der zeitlich konstanten Nennspannung und der zeitabhängigen Dehnung.

1.17.13. *Hochtemperatur-Anfangs-Sekantenmodul* ist der Sekantenmodul zwischen einem festgelegten Punkt der Wirkspannungs-Nenndehnungs-Kurve und der Nenndehnung Null an einem auf eine bestimmte höhere Temperatur erwärmten Prüfling.

1.17.14. *1%/2%-Sekantenmodul* ist der Sekantenmodul zwischen den 1% und 2% Dehnung entsprechenden Punkten der Spannungs-Dehnungs-Kurve.

1.17.15. *Relaxationsmodul* ist der Quotient aus der im Spannungsrelaxations-Versuch ermittelten zeitabhängige Zug-Nennspannung und der zeitlich konstanten Dehnung.

1.17.16. *1000Stunden-Kriechmodul* ist der Quotient aus der konstanten vorgegebenen Zug-Nennspannung und der nach einer Kriechdauer von 1000 Stunden gemessenen Dehnung.

1.18. *Zugarbeit und abgeleitete Kennwerte*

1.18.1. *Zugarbeit* ist die beim Zugversuch bis zum Erreichen einer bestimmten Zugkraft oder deren zugehörigen Längenänderung verrichtete Arbeit.

1.18.2. *Reißarbeit* ist die Zugarbeit bis zum Erreichen der Reißkraft.

1.18.3. *Elastische Arbeit* ist der sich unter bestimmten Entlastungsbedingungen ergebende rückbildbare Anteil der Zugarbeit.

1.18.4. *Elastische Reißarbeit* ist der sich unter bestimmten Bedingungen ergebende rückbildbare Anteil der Reißarbeit.

1.18.5. *Konstruierte elastische Reißarbeit* ist der Flächeninhalt unter einer Kurve, die durch Verbinden der Kraftpunkte entstanden ist, die über den zugehörigen elastischen Längenänderungen aufgetragen wurden.

1.18.6. *Weiterreißarbeit* ist die während des Weiterreißens eines Prüflings aufgewendete Arbeit.

1.18.7. *Massebezogene Reißarbeit* ist der Quotient aus der Reißarbeit und dem die Prüflingsmasse darstellenden Produkt aus Ausgangslänge und Feinheit des Prüflings.

1.18.8. *Volumenbezogene Reißarbeit* ist das Produkt aus der massebezogenen Reißarbeit und der Dichte des Prüflings im Normalzustand.

1.18.9. *Massebezogene konstruierte elastische Reißarbeit* ist der Quotient aus der konstruierten elastischen Reißarbeit und dem die Prüflingsmasse darstellenden Produkt aus Ausgangslänge und Feinheit des Prüflings.

1.18.10. *Volumenbezogene konstruierte elastische Reißarbeit* ist das Produkt aus der massebezogenen konstruierten elastischen Reißarbeit und der Dichte des Prüflings im Normalzustand.

1.18.11. *Flächenbezogene Reißarbeit* ist der Quotient aus der Reißarbeit und dem Produkt aus Ausgangslänge und Breite des Prüflings.

1.18.12. *Verlustarbeit* ist die Differenz aus der Zugarbeit und der elastischen Arbeit.

1.18.13. *Querschnittsbezogene Schlag-Reißarbeit* ist der Quotient aus der im Schlagzerreiß-Versuch ermittelten Reißarbeit und dem Querschnitt des Prüflings.

1.18.14. *Streckgrenzenarbeit* ist die Zugarbeit bis zum Erreichen der Streckgrenzen-Zugkraft.

1.18.15. *Bruchàrbeit* ist die Zugarbeit bis zum Erreichen der Bruchkraft.

1.19. *Zugarbeits-Verhältnisse*

1.19.1. *Elastisches Arbeitsverhältnis* ist das Verhältnis der elastischen Arbeit zur Zugarbeit bei einem vorgegebenen Dehnungsgeschwindigkeits-Programm.

1.19.2. *Zugarbeits-Verhältnis* ist das Verhältnis der Fläche unter der Kraft-Längenänderungs-Kurve bis zu einer bestimmten Zugkraft zur Fläche des umschriebenen Rechtecks.

1.19.3. *Reißarbeits-Verhältnis* ist das Zugarbeits-Verhältnis bis zur Reißkraft.

1.19.4. *Verlustarbeits-Verhältnis* ist das Verhältnis der Verlustarbeit zur Zugarbeit.

1.19.5. *Konstruiertes elastisches Reißarbeits-Verhältnis* ist das Verhältnis der konstruierten elastischen Reißarbeit zur Reißarbeit.

1.20. *Reißdauer, Reißgeschwindigkeit und abgeleitete Größen*

1.20.1. *Reißdauer* ist die Zeit vom Beginn der Längenänderung bis zum Reißen des Prüflings.

1.20.2. *Belastungsgeschwindigkeit* ist der Quotient aus der steigenden Zugkraft während des Zugversuchs und der vergangenen Zeit.

1.20.3. *Geschwindigkeit der ziehenden Klemme* ist der Quotient aus dem zurückgelegten Weg der ziehenden Klemme des Zugprüfgeräts und der dazu erforderlichen Zeit.

1.20.4. *Dehnungsgeschwindigkeit* ist der Quotient aus der steigenden Dehnung während des Zugversuchs und der vergangenen Zeit.

1.20.5. *Kriechgeschwindigkeit* ist die Neigung der Dehnungs-Zeit-Kurve zu einer vorgegebenen Zeit.

1.20.6. *Zug-Nennspannungsgeschwindigkeit* ist der Quotient aus der steigenden Zug-Nennspannung während des Zugversuchs und der vergangenen Zeit.

1.20.7. *Zugspannungsgeschwindigkeit* ist der Quotient aus der steigenden Zugspannung während des Zugversuchs und der vergangenen Zeit.

1.20.8. *Bruchdauer bei konstanter Nennspannung* ist die Zeit vom Aufbringen einer konstanten Nennspannung bis zum Bruch des Prüflings.

1.20.9. *Mittlere Kriechgeschwindigkeit* ist beim Kriechversuch der Quotient aus der Dehnungsdifferenz und der Zeitdifferenz zwischen zwei festgelegten Zeitpunkten.

1.20.10. *Konstante Kriechgeschwindigkeit* ist die Neigung des geradlinigen Bereiches der beim Kriechversuch aufgenommenen Dehnungs-Zeit-Kurve.

1.20.11. *Mittlere Weiterreißgeschwindigkeit* ist der Quotient der Längenänderung des Weiterreiß-Prüflings im Bereich der nahezu konstanten Weiterreißkraft und der vergangenen Zeit.

1.20.12. *Längenänderungsgeschwindigkeit* ist der Quotient aus der steigenden Längenänderung während des Zugversuchs und der vergangenen Zeit.

1.20.13. *Konstante Dehnungsgeschwindigkeit* ist der meist mit bestimmten Toleranzgrenzen konstant festgelegte Differentialquotient der Längenänderung nach der Zeit bei Zugbeanspruchung.

1.20.14. *Mittlere Belastungsgeschwindigkeit* ist der Quotient aus der Differenz zweier Zugkräfte (meist der Reißkraft und der Vorspannkraft) und der Differenz der zugehörigen Zeiten.

1.20.15. *Mittlere Reißdauer* ist der arithmetische Mittelwert der Reißdauer.

1.20.16. *Konstante Belastungsgeschwindigkeit* ist der meist mit bestimmten Toleranzgrenzen konstant festgelegte Differentialquotient der Kraft nach der Zeit bei der Zugbeanspruchung.

1.20.17. *Konstante Geschwindigkeit der ziehenden Klemme* ist die meist mit bestimmten Toleranzgrenzen konstant festgelegte Geschwindigkeit der ziehenden Klemme einer Zugprüfmaschine, deren andere Klemme während der Zugbeanspruchung einen meßbaren Weg zurücklegt oder nahezu stillsteht.

1.20.18. *Mittlere Dehnungsgeschwindigkeit* ist der Quotient aus der Differenz zweier Dehnungen (meist der Reißdehnung und der Dehnung Null) und der Differenz der zugehörigen Zeiten.

1.20.19. *Mittlere Geschwindigkeit der ziehenden Klemme* ist der Quotient aus dem von der ziehenden Klemme zurückgelegten Weg (meist von Beginn der Belastung bis zum Erreichen der Reißkraft) und der dafür vergangenen Zeit.

1.20.20. *Anspanndauer* ist die vom Beginn des Spannungsrelaxationsversuchs bis zum Erreichen der vorgegebenen Dehnung vergangene Zeit.

1.20.21. *Relaxationsdauer* ist die im Spannungsrelaxationsversuch seit Erreichen der vorgeschriebenen konstanten Dehnung vergangene Zeit.

1.20.22. *Kriechdauer* ist die im Kriechversuch seit Erreichen der vorgegebenen konstanten Zugkraft vergangene Zeit.

1.21. *Ungleichmäßigkeit im Zusammenhang mit der Zugkraft*

1.21.1. *Ungleichmäßigkeit der Reißkraft* ist die mathematisch ausgedrückte und in Prozenten angegebene Schwankung der Reißkraft.

1.21.2. *Ungleichmäßigkeit der Reißdehnung* ist die mathematisch ausgedrückte und in Prozenten angegebene Schwankung der Reißdehnung.

1.22. *Zugspannungs-Verhältnisse*

1.22.1. *Naß-Bruch-Nennspannungs-Verhältnis* ist das Verhältnis der Naß-Bruch-Nennspannung zur Bruch-Nennspannung.

Neue Bücher

Angewandte Statistik. Erster Teil. Eindimensionale Probleme. Von *Kurt Stange*. Berlin/Heidelberg/New York: Springer 1970. XVI, 592 S. Lwd. Dm 58.—.

Schon das Wort „Angewandte" im Titel deutet darauf hin, in welcher Richtung das vorliegende Buch angelegt ist. Der Verfasser als bekannter Fachmann auf dem Gebiet der mathematischen Statistik ist immer bestrebt gewesen, eine möglichst optimale Synthese zwischen Theorie und Anwendung der statistischen Methoden zu finden. Dem auf dem Gebiet der Materialprüfung tätigen Textilfachmann wurde er besonders bekannt durch seine Mitarbeit an den „Formeln und Tabellen der mathematischen Statistik" nach dem Tode von *U. Graf*, die allgemein als „Graf/Henning/Stange" bezeichnet werden.

Auf Grund einer fast zehnjährigen Tätigkeit in der Industrie hat der Verfasser die Probleme der Praxis gründlich kennengelernt. Es ist daher nicht verwunderlich, daß aus dem ingenieurwissenschaftlichen Gebiet stammende Beispiele das ganze Buch durchziehen. Dabei ist aber auch stets Wert darauf gelegt worden, die theoretischen Grundlagen in einer dem Hochschulingenieur verständlichen Form zu bringen.

Das Buch ist — nach einer kurzen Einleitung — in weitere 15 Abschnitte gegliedert. Zunächst werden auf 81 Seiten die empirischen Verteilungen mit stetig veränderlichem Merkmal (als Stichworte seien Häufigkeitsverteilungen, Summenlinien, Mittelwerte und Streuungsmaße genannt) behandelt. Dem schließen sich 6 Seiten für sprunghaft veränderliche Merkmale an. Weitere 57 Seiten gelten dem Grundbegriffen der Wahrscheinlichkreitsrechnung. Die theoretischen Verteilungen mit stetig veränderlichem Merkmal (38 Seiten) werden anschließend behandelt. Ein kurzer Abschnitt von 17 Seiten gilt dem Verhalten von Mittelwert, Varianz und Standardabweichung bei wiederholter Probenahme. Sehr ausführlich wird auf die Normalverteilung (54 Seiten) sowie die Verteilung von Mittelwert, Zentralwert, Varianz und Standardabweichung bei wiederholter Probenahme aus einer Normalverteilung (45 Seiten) eingegangen. Es folgen die Abschnitte über den Schluß von der Probe auf die Gesamtheit bei normalverteilten Ausgangswerten (33 Seiten), die Transformation einer schiefen Verteilung in eine Normalverteilung (17 Seiten), die F-Verteilung (16 Seiten), einige Verteilungen für geordnete Stichproben bei normaler Ausgangsverteilung (29 Seiten) und über Toleranzgrenzen und Toleranzbereiche bei werden dann die Binominalverteilung (99 Seiten) und die *Poisson*-Verteilung (51 Seiten) behandelt und im letzten Abschnitt auf 11 Seiten auf die hypergeometrische Verteilung eingegangen. Den Abschluß des Buches bildet ein 13 Seiten umfassendes Sachwortverzeichnis.

Immer wieder spürt man bei der Durchsicht des Buches, daß es mehr als das sonst Übliche und in einer Darstellung über mathematische Statistik Vermutete enthält. Insbesondere ist der Verfasser an vielen Stellen auf moderne Methoden zur theoretisch untermauerten Betrachtung von Problemen eingegangen, die erst in den letzten Jahren stark an Interesse gewonnen haben. Als Beispiele seien genannt das Eingehen auf die Grundbegriffe der Informationstheorie, die Zuverlässigkeit von Bauteilen, das richtige Vorgehen bei der Verringerung von Varianzen zur Verbesserung der Gleichmäßigkeit der Produktion, den Mikrozensus als Teilerhebung aus dem Bereich der amtlichen Statistik, die Warteschlangen und das Lagerhaltungsmodell.

Das Buch ist in Schreibmaschinenschrift vervielfältigt. Da das auch auf die Formeln zutrifft, sind diese erst nach einer gewissen Eingewöhnungszeit leicht lesbar. Zu dieser Form haben sich Verlag und Verfasser entschlossen, um das Buch zu einem auch für Studierende tragbaren Preis anbieten zu können. Diesem Vorgehen ist trotz der kleinen Mängel sehr zuzustimmen, weil auch Standardwerke heute kurzlebiger sind als früher und insbesondere Bücher mit vielen Formeln (wozu auch das vorliegende Buch gehört) durch den teuren Formelsatz die ihnen gebührende Verbreitung sonst nicht erfahren könnten.

Es erübrigt sich fast, noch darauf hinzuweisen, daß das vorliegende Buch allen denen zu empfehlen ist, die eine moderne und trotzdem leicht verständliche Darstellung der angewandten mathematischen Statistik zur Lösung ihrer Probleme suchen. Insbesondere trifft das auf Ingenieure, Naturwissenschaftler, Wirtschaftswissenschaftler und Mathematiker mit Interessen auf dem Anwendungsgebiet statistischer Verfahren zu. *F. Winkler*

Initiation à la bonneterie. Von *L. Gallemaert, M. Leclercqz* und *I. Meuris.* Les Editions la Maille 1972. 125 S. Lwd. Fr. 65.—, Ausland Fr. 80,—.

Diese Einführung in die Wirkerei und Strickerei besteht aus drei getrennt voneinander erarbeiteten Teilen.

Teil 1 des Autors *L. Gallemaert* ist den Grundlagen der Wirkerei und Strickerei gewidmet. Es werden die Grundbegriffe erläutert, Definitionen getroffen, die Grundbindungen aufgeführt, wesentliche Arbeitsorgane beschrieben und Funktionsgruppen zur Maschenbildung sowie Arbeitstakte zur Maschenbildung behandelt. Ferner enthält dieser Teil maschinentechnische Grundlagen. Es werden die Feinheitsbezeichnungen der Maschinen definiert und tabellarisch sowie grafisch wiedergegeben. Zu ausgewählten Maschinen werden auch Kennwerte angeführt. Für Gewirke und Gestricke sind Prinzipien der Musterungstechnik sowie verfahrenstechnische Besonderheiten, Bindungen und Kettengewirkelegungen enthalten.

Der Teil 2 des Autors *I. Meuris* erfaßt Zusammenhänge zwischen Faden, Masche, Gewirke bzw. Gestrick und Finalprodukt. Ausgangspunkt sind wiederum allgemeine Grundlagen. Dabei werden der Fadenverlauf in der Masche, Bindungselemente und Prinzipien der Musterungstechnik behandelt und auf Möglichkeiten zur Darstellung von Bindungen und Legungen durch entsprechende Symbolik eingegangen. Es schließt sich eine Abhandlung über den Entwurf und die Realisierung von Mustern an. Zusammenhänge zwischen Faden, Maschenware und Maschine sowie Einflüsse auf die Dehnbarkeit und Elastizität werden anhand der geometrischen Verhältnisse des zur Raumkurve deformierten Fadens betrachtet. Die Definition für die Feinheit der Maschine einschließlich der verfahrensgebundenen Spezifizierung wird gegeben.

Es folgen eingehendere Betrachtungen zur Maschengeometrie für Faden und Maschenware, wobei verschiedene Maschenmodelle vorgestellt werden. Daraus leitet sich die Berechnung von Gestrickparametern wie Maschendichte, Cover factor, Flächenmasse u. a. ab.

Schließlich geht der Autor auf Bindungen der Gestricke und Gewirke und ihre Herstellung sowie verfahrensspezifische Besonderheiten wie Formgebung ein. Es folgen Ausführungen über Produktionsleistung, Verluste u. a. der Maschinen. Den Abschluß bilden einige aufgelockerte Bemerkungen zur Mode.

Für den Teil 3 zeichnet als Autor *M. Leclercqz.* Er widmet sich darin nach einer kurzen Einleitung dem Faden und geht ebenfalls von geometrischen Betrachtungen in der Masche und für das Gestrick bzw. Gewirke aus. Dieser Teil enthält dem Wirken und Stricken vorgelagerte Prozesse. Dabei werden auch bekannte Texturierverfahren behandelt. Es wird auf die Einsatzgebiete der verschiedenen Fadenarten für bestimmte Finalerzeugnisse eingegangen. Daran schließen sich Abschnitte über die der Maschenbildung nachgelagerte Prozesse, wie Waschen, Appretieren, Färben, Fixieren, Kalandern, sowie Betrachtungen zur Lösungsmittelveredlung und zum Laminieren an.

Das Buch behandelt damit auf 123 Seiten im Format DIN A 4 mit vielen Handskizzen sowie Fotos ein sehr umfangreiches Gebiet. Die Autoren *L. Gallemaert* und *I. Meuris* sind Ingenieure für das Fachgebiet Wirkerei/Strickerei und der Autor *M. Leclercqz* für Textiltechnik. Sie lehren an einer Fachschule. Trotzdem ist das Buch wohl weniger als Lehrbuch als als Ergänzungsliteratur zur Wirkerei und Strickerei zu verstehen. Die Behandlung des Themas ist ungewöhnlich, vielfach abstrahierend und für den Fachmann interessant. Zweifellos ist das Buch eine Bereicherung der Fachliteratur zur Technologie der Gewirke- und Gestrickherstellung, denn auch nach Auffassung der Autoren ist die zu diesem Gebiet publizierte Literatur fragmentarisch und sehr spezialisiert. *H. Tausch-Marton*

Antistatic Agents. Technology and Applications. Von *Keith Johnson.* Park Ridge: Noyes Data Corp. 1972. 307 S., kart. $ 36,00.

Diese Publikation, die vom Verfasser im Vorwort als Zwischenform zwischen Manuskript und Buch bezeichnet wird, enthält Referate der in den USA erteilten Patente für die antistatische Ausrüstung von Plasten und Faserstoffen von 1965 bis 1971. Die referierten Patente umfassen Verfahren zur

- Verminderung der elektrostatischen Aufladbarkeit von Plasten und Faserstoffen aus Polyolefinen,
- Verminderung der elektrostatischen Aufladbarkeit von Schallplatten, Tonbändern und photographischen Filmen,
- antistatischen Ausrüstung von Faserstoffen aus Polyacrylnitril, Polyamid und Polyester,
- Herstellung von Antistatika, Weichmachern und Präparationsmitteln.

Die insgesamt 164 Patente werden klar und ausführlich referiert, wobei in jedem Referat einige Anwendungsbeispiele enthalten sind. Das Studium des gesamten Buches wird erleichtert durch eine vorzüglich angeordnete Inhaltsübersicht, ein Erfinder- und Anmelderverzeichnis sowie ein Verzeichnis der Patentnummern.

Für alle, die sich mit dem aktuellen Problem der Verminderung der elektrostatischen Aufladbarkeit von Plasten oder Faserstoffen beschäftigen, stellt dieses Buch eine wertvolle Hilfe dar. Dies gilt für den präparativ arbeitenden Textilhilfsmittel-Chemiker, der eine Zusammenstellung der in den letzten Jahren in den USA patentierten Antistatika vorfindet, den Polymerenchemiker und Textilveredler sowie den Anwendungstechniker, die eine Übersicht über die Möglichkeiten der Ein- bzw. Aufbringung von Antistatika in bzw. auf Polymere erhalten. Diesem Personenkreis kann das Buch nur empfohlen werden. *H. J. Jacobasch*

Dimethyl Sulfoxide. Volume 1. Basic Concepts of DMSO. Von *Stanley W. Jacob, Edward E. Rosenbaum* und *Don C. Wood.* New York: Marcel Dekker, Inc. 1971. XV, 479 S. Lwd. $ 27,50.

Dimethylsulfoxid hat in den letzten zwei Jahrzehnten vor allem wegen seiner günstigen Eigenschaften als Lösungsmittel und Reaktionsmedium sowie wegen seiner recht geringen Toxizität sowohl im Labor als auch im technischen Maßstab eine breite Anwendung gefunden. Nachdem 1964 die erste Veröffentlichung über die pharmakologische Wirkung von DMSO erschien befaßte man sich auch von Seiten der Pharmazie und Medizin intensiv mit dieser Substanz, wobei zunächst zahlreiche positive Wirkungen festgestellt wurden normaler Ausgangsverteilung (16 Seiten). Sehr ausführlich und das DMSO fast in den Ruf eines Wundermittels kam. Im November 1965 wurde jedoch berichtet, daß bei Tierversuchen DMSO zu Störungen der Augenlinse führen kann. In den USA wurden daher die klinischen Erprobungen zunächst gestoppt, bis 1968 die gesetzlichen Einschränkungen wieder gelockert wurden, nachdem die Befürchtungen bei klinischer Anwendung sich als übertrieben herausgestellt hatten.

Unter Mitwirkung zahlreicher Fachleute und unter Berücksichtigung der bis Mai 1969 erschienenen Literatur sind in der vorliegenden Monographie die in der Medizin und den Nachbarwissenschaften bekannt gewordenen Eigenschaften, Anwendungen und Wirkungen von DMSO zusammengestellt worden. Der Band enthält folgende Kapitel: Chemie von DMSO von *H. Harry Szmant*, 97 S.; Pharmakologie von DMSO von *Stanley W. Jacob*, 14 S.; Toxikologie von DMSO bei Tieren von *Marcus M. Mason*, 19 S.; Verhalten und Stoffwechsel von DMSO von *Don C. Wood*, 13 S.; Strahlenschutz- und Frostschutzeigenschaften von DMSO von *M. J. Ashwood-Smith*, 41 S.; Anwendung von DMSO in enzymkatalysierten Reaktionen von *David H. Rammler*, 17 S.; Die Rolle von DMSO in der Mikrobiologie von *Glenn E. Pottz*, *James H. Rampey* und *Furmandean Benjamin*, 57 S.; DMSO in der experimentellen Immunologie von *Hansjürgen Raettig*, 15 S.; Wechselwirkung von DMSO und Alkohol von *Hans J. Mallach*, 13 S,; DMSO und Pflanzen von *Robert L. Weintraub*, 21 S.; DMSO in der Veterinärmedizin von *L. M. Koger*, 7 S.; Einige Wirkungen von DMSO auf Bindegewebe von *G. Gries*, 11 S.; DMSO in der Dermatologie von *Thomas A. Cortese, jr.*, 18 S.

Neben dem jedem Kapitel angefügten Literaturverzeichnis enthält der Band am Schluß noch eine zusätzliche Bibliographie über DMSO mit 384 Zitaten zur Kryobiologie, 916 Zitaten zur Chemie und 845 Zitaten zur Pharmakologie.

H. Schleicher

Chimia monomerov i polimerov (Chemie von Monomeren und Polymeren). Hgg. von der Akademija Nauk Kazachskoj SSR (Akademie der Wissenschaften der Kasachischen SSR). Bd. 31 (1971) Teil 5. Alma-Ata, Verlag „Nauka" (Kas. SSR). 125 S. brosch. 1 R., 19 Kop.

Dieses von dem Institut für chemische Wissenschaften der Akademie herausgegebene Heft enthält vier Übersichtsbeiträge, die darauf gerichtet sind, dem Leser die in den letzten Jahren auf einigen wichtigen Gebieten der Polymerenchemie gewonnenen Erkenntnisse in Form einer z. T. kritischen Zusammenfassung vorzulegen.

Der erste Beitrag von *E. E. Ergožin*: „Polymere mit Eigenschaften eines Ionenaustauschers auf der Basis von halogenmethylierten Polystyrolen bzw. Styrolcopolymeren" befaßt sich mit den Gesetzmäßigkeiten der Halogenmethylierung, mit besonders aussichtsreichen Synthesewegen von Ionenaustauschern auf der Basis von linearen oder verzweigten Polymeren bzw. Copolymeren des Styrols. Erörtert werden u. a. Redox-Polymere, phosphorhaltige, optisch-aktive, amphotere und noch weitere Vertreter solcher Ionenaustauscher.

In dem Aufsatz von *B. V. Suvorov* und *N. R. Bukejchanov*: „Komplizierte und konjugierte Oxydationsvorgänge als Synthesemethoden von Monomeren" (81. Mitt. aus der Reihe: „Oxydation organischer Verbindungen") wird u. a. auf die Synthese von Terephthalsäure aus p-Xylol, von Epoxiden aus Olefinen und Aldehyden, ferner auf die Oxydation von Cyclohexan, auf die oxydative Pyrolyse von Kohlenwasserstoffen sowie auf die oxydativen Ammonolyse-, Veresterungs-, Chlorphosphorylierungs- und Halogenierungsvorgänge eingegangen.

Die Fragen der Konformation von Makromolekülen in Lösungen, vor allem solcher synthetischer Polymerer, die als Modelle für globulare Eiweiße benutzt werden können, werden im Beitrag von *E. A. Bekturov*: „Überverknäuelte Konformationen von Makromolekülen in Lösung" besprochen, wobei den Übergängen aus einem lockeren (knäuelförmigen) in einen kompakten Zustand (Globuli) bzw. umgekehrt besondere Beachtung geschenkt wird.

Der letzte Aufsatz von *I. A. Archipova* und *S. R. Rafikov*: „Fragen der Stabilisierung von Polyamiden" ist den neuen Arbeiten auf dem Gebiet der Stabilisierung aliphatischer und aromatischer Polyamide und ihrer Thermooxydation gewidmet. Erörtert wird u. a. das Verhalten von nichtmodifiziertem bzw. mit Toluylendiisocyanat oder Formaldehyd modifiziertem Polycaprolactamfaserstoff.

W. Dawydoff

Durchstrahlungs-Elektronenmikroskopie fester Stoffe. Von *E. Hornbogen.* Weinheim/Bergstr.: Verlag Chemie 1971. 151 S. brosch. DM 31,50.

Für die Interpretation von elektronenmikroskopischen Aufnahmen ist es notwendig, eine genaue Kenntnis über die Kontrastentstehung im durchstrahlten Objekt zu besitzen. Das vorliegende Buch von *E. Hornbogen* vermittelt dem Leser in dieser Richtung einen klaren kurzgefaßten Überblick. Dabei werden auch die mathematischen Grundlagen der Kontrastentstehung im Rahmen einer Übersichtsdarstellung behandelt. An Hand des jedem der 12 Kapitel nachgestellten Literaturverzeichnisses kann man sich über spezielle Probleme in den dort zitierten Originalarbeiten informieren.

Nach einer kurzen allgemeinen Einführung wird auf Präparationsprobleme von im Elektronenmikroskop durchstrahlbaren Objekten eingegangen. In dem sich anschließenden Kapitel über Elektronenbeugung liegt der Schwerpunkt bei den Verfahren zur Auswertung von Elektronenbeugungsdiagrammen. Einen kurzen, mathematisch untermauerten Überblick über Kontrastfragen bei durchstrahlbaren Kristallen, bei der Abbildung von Stapelfehlern, Korngrenzen und Versetzungen sowie bei der Analyse von kompliziert gebauten Gefügen und Phasengemischen von festen Körpern wird in den folgenden Kapiteln gegeben. Die dort aufgeführten sehr guten Beispiele stammen vornehmlich aus der Werkstoffkunde. Eine Ausdehnung der Abbildungsbeispiele auf andere Gebiete der Festkörperforschung, wie z. B. der organischen Werkstoffe, würde das Buch einem noch größeren Leserkreis attraktiv machen. Die letzten drei Kapitel sind der *Lorentz*-mikroskopie, der Ausrüstung des Elektronenmikroskops, besonders des Objektraumes, und der Höchstspannungsmikroskopie gewidmet.

Für einen Elektronenmikroskopiker, der sich nicht ständig mit Spezialfragen über den Kontrast, z. B. bei der Durchstrahlung von kristallinen Festkörpern, beschäftigt, ist diese Monographie eine wertvolle Arbeitshilfe.

E. Schulz

Patentschau

Auszug aus der Lieferung 3/4/1972 der Patentschau „Faserstoffe und Textiltechnik", Ausgabe A: Faserstoffe einschl. Kunststoffe und organ. Grundsubstanzen, zusammengestellt von der Abteilung Information und Dokumentation des Instituts für Polymerenchemie der DAW, 153 Teltow-Seehof, Kantstr. 55

Die Patentschau ist nach der internationalen Patentklassifikation (IPC) gegliedert. Es bedeuten: DLP = DDR-Patent; DTP = Deutsches Bundespatent; DTA = (West)-Deutsche Auslegeschrift; DTO = (West)-Deutsche Offenlegungsschrift; OEP = Österreichisches Patent; CHP = Schweizer Patent; FRP = Französisches Patent; GBP = Britisches Patent; JAP = Japanisches Patent; POP = Polnisches Patent; SWP = Schwedisches Patent; SUP = Sowjetisches Patent; CSP = Tschechoslowakisches Patent; USP = Amerikanisches Patent; A = Anmeldedatum, O bzw. B = Tag der Ausgabe der Offenlegungs-, Auslege- bzw. Patentschrift.

Sektion B. Arbeitsverfahren

B 65. Fördern, Packen, Lagern; Handhaben dünner oder fadenförmiger Werkstoffe

B 65 h. Behandeln von dünnem oder fadenförmigem Gut, z. B. Folien, Gewebe, Kabel

CHP 515176. Vorrichtung zur Regelung der Garnförderung bei Textilmaschinen. Erf. u. Inh.: *Castelli, Luigi*, Via Opific 16, Gandino, Bergamo (IT). A. 12. 6. 70. Int. Kl.: B 65h 59/10. A.-Z.: 8890/70. Prior.: 21. 6. 69 (IT; A.-Z.: 18520 A/69).

Patentschau

Sektion C. Chemie und Metallurgie

CHEMIE

C 03. Glas; Mineral- und *Schlackenwolle*

C 03b. Herstellung, Formgebung und Nachbehandlungsverfahren

C 03b 37/00. *Herstellen oder Behandeln von Flocken, Fasern oder Fäden aus zähflüssigem Glas, zähflüssigen Mineralien oder Schlacken*

DTO 1957055. Vorrichtung für die Herstellung von Fäden aus Glas nach dem sogenannten Trommelverfahren. Erf. nicht genannt. Anm.: Glaswerk Schuller GmbH, 6980 Wertheim (DT). A. 13. 11. 69, B. 19. 5. 71. Kl.: 32a, 37/00, Int. Kl.: C 03b 37/00. A.-Z.: P 1957055.

SUP 312838 (Urheberschein). Maschine zur Herstellung von Glasfaserstoff. Erf.: *Nigin, E. R.* A. 21. 8. 67, B. 31. 8. 71. Int. Kl.: C 03b 37/04. A.-Z.: 1180137/28 – 12.

C 08. Makromolekulare Verbindungen; ihre Herstellung und chemische Verarbeitung; auf diesen Verbindungen beruhende Gemische

C 08f. Polymerisationsprodukte

DTO 1957705. Verfahren zur Polymerisation von alpha-Olefinen. Erf.: *Hans-Werner Groß* u. *Margarete Jäger*. Anm.: Metallgesellschaft AG, 6000 Frankfurt (DT). A. 17. 11. 69, B. 27. 5. 71. Kl.: 39b4, 1/28, Int. Kl.: C 08f 1/28. A.-Z.: P 1957705. Entspr. FRP 2062733.

DTO 2050911. Verfahren zur Entfernung von Katalysatorrückständen aus Polyäthylenen hoher Dichte und Vorrichtung zur Durchführung dieses Verfahrens. Erf.: *Agostino Balducci, Agostino Baradel* u. *Massimo Marena*. Anm.: Snam Progetti S.p.A., Mailand (IT). A. 16. 10. 70, B. 19. 5. 71. Kl.: 39b4, 1/97, Int. Kl.: C 08f 1/97. A.-Z.: P 2050911. Prior.: 7. 11. 69 (IT; A.-Z.: 24108 A/69).

OEP 296605. Verfahren zur Herstellung von wässerigen Polymerisatdispersionen. Erf.: *Herbert Zima* u. *Josef Forstner*. Inh.: Vianova Kunstharz AG, Wien (OE). A. 19. 12. 69, B. 15. 6. 71. Kl.: 39b, 14, Int. Kl.: C 08f 1/00. A.-Z.: 11892/69.

FRP 2074117 (B). Verfahren zur kontinuierlichen Polymerisation von Vinylmonomeren. Inh.: Società Italiana Resine S.p.A. A. 21. 12. 70, B. 5. 11. 71. Int. Kl.: C 08f 1/00, 19/00, 25/00. A.-Z.: 7046100. Prior.: 23. 12. 69 (IT; A.-Z.: 26206 A/69).

GBP 1251177. Verfahren zur Herstellung von Alkenpolymeren. Inh.: Stamicarbon N. V. A. 3. 6. 70, B. 27. 10. 71. Kl.: C3.P, Int. Kl.: C 08f 1/42, 3/02. A.-Z.: 26844/70. Prior.: 3. 6. 69, 14. 11. 69 (NL; A.-Z.: 6908446. 6917130). Entspr. DTO 2027302 u. FRP 2054561.

USP 3598792. Polymere aus N-Acryloyl-iminodiessigsäurediestern. Erf.: *Donald E. Jefferson* u. *Nelson S. Marans*. Inh.: W. R. Grace & Co., New York, N. Y. A. 19. 11. 69, B. 10. 8. 71. Kl.: 260-78,4, Int. Kl.: C 08f 1/16, 3/50, 15/16. 20 Anspr. A.-Z.: 878264.

USP 3598794. Rückgewinnung eines Fluorelastomeren aus wäßriger Dispersion. Erf.: *Arthur Nersasian*. Inh.: E. I. du Pont de Nemours & Co., Wilmington, Del. A. 25. 2. 69, B. 10. 8. 71. Kl.: 260-80, 76, Int. Kl.: C 08f 1/92. 6 Anspr. A.-Z.: 802237. Entspr. DTO 2008192 u. FRP 2033389.

USP 3598885. Verfahren zur Herstellung von Polymeren mit niedriger relativer Molekülmasse. Erf.: *Edwin F. Peters*. Inh.: Standard Oil Co., Chicago, Ill. A. 11. 7. 68, B. 10. 8. 71. Kl.: 260 – 878, Int. Kl.: C 08f 1/88, 15/00, 3 Anspr. A.-Z.: 743919.

DTO 1956286. Verfahren zum Entfernen von flüchtigen Monomeren aus Acrylnitrilpolymerisat-Lösungen sowie deren Konzentrierung. Erf.: *Hermann Fischer, Eduard Heil, Johann Swoboda* u. *Richard Thoma*. Anm.: Badische Anilin- & Soda-Fabrik AG, 6700 Ludwigshafen. A. 8. 11. 69, B. 13. 5. 71. Kl.: 39b4, 3/76, Int. Kl.: C 08f 3/76. A.-Z.: P 1956286. Entspr. FRP 2069127.

DTO 1956354. Verfahren zur Polymerisation von Olefinen. Erf.: *Jacques Stevens*, u. *Michel George*. Anm.: Solvay & Cie., Brüssel (BE). A. 8. 11. 69, B. 19. 5. 71. Kl.: 39b4, 3/02, Int. Kl.: C 08f 3/02. A.-Z.: P 1956354. Entspr. FRP 2067044.

DTO 1957679. Verfahren zur Polymerisation von alpha-Olefinen. Erf.: *Tibor Toth* u. *Bernd Diedrich*. Anm.: Farbwerke Hoechst AG vorm. Meister Lucius & Brüming, 6000 Frankfurt (DT). A. 17. 11. 69, B. 27. 5. 71. Kl.: 39b4, 3/02, Int. Kl.: C 08f 3/02. A.-Z.: P 1957679. Entspr. FRP 2069547.

OEP 296598. Verfahren zur Herstellung von Alkylenpolymerisaten. Inh.: Stamicarbon N. V., Heerlen (NL). A. 16. 5. 69, B. 15. 6. 71. Kl.: 39b, 12, Int. Kl.: C08f 3/00. A.-Z.: 4682/69. Prior.: 15. 5. 68 (NL; A.-Z.: 6806890). Entspr. DLP 79150, DTO 1924709, FRP 2008619 u. GBP 1235062.

OEP 296606 (Zus. z. Pat. 286627). Verfahren zur Massenpolymerisation bzw. -copolymerisation von Vinylchlorid bei tiefer Temperatur. Erf.: *Sergio Lo Monaco, Corrado Mazzolini, Luigi Patron* u. *Alberto Moretti*. Inh.: „Chatillon" S. A. Italiana per le Fibre Tessili Artificiali S.p.A., Mailand (IT). A. 30. 7. 70, B. 15. 6. 71. Kl.: 39b, 14, Int. Kl.: C 08f3/00, 15/00. A.-Z.: 6956/70. Prior.: 31. 7. 69 (IT; A.-Z.: 20357 A/69). Entspr. DTO 2037493 u. FRP 2054659.

FRP 2074053 (B). Verfahren zur Herstellung von Polyäthylen. Inh.: Societa Italiana Resine S.p.A. A. 21. 12. 70, B. 5. 11. 71. Int. Kl.: G 01k 13/00, C 08f 3/00. A.-Z.: 7045943. Prior.: 23. 12. 69 (IT; A.-Z.: 26197 A/69).

GBP 1251728. Polymerisation von Vinylchlorid. Inh.: S. A. Chatillon Italiana per le Fibre Tessili Artificiali. A. 2. 4. 69, B. 27. 10. 71. Kl.: C3.P, Int. Kl.: C 08f 1/04, 1/62, 3/30. A.-Z.: 17375/69. Prior.: 3. 4. 68 (IT; A.-Z.: 14761). Entspr. DTO 1916942 u. FRP2007375.

CSP 143317. Katalytisches System für die Herstellung von Polymeren und/oder Copolymeren des Vinylchlorids mit hohem Kristallinitätsgrad. Erf.: *Carlo Nicora, Giancarlo Borsini, Giovanni Confalonieri* u. *Guidobaldo Cevidalli*. A. 8. 2. 67, B. 31. 5. 71. Kl.: 39c, 25/01, Int. Kl.: C 08f 3/30. A.-Z.: 913-67. Prior.: 10. 2. 66 (IT; A.-Z.: 14332). Entspr. DLP 61348.

GBP 1252153. Polymerisationsverfahren Inh.: British Petroleum Co. Ltd. A. 6. 3. 69, B. 3. 11. 71. Kl.: C3.P, Int. Kl.: C 08f 7/02. A.-Z.: 20431/68.

FRP 2074664 (B). Verfahren zur Herstellung von Vinylacetat/Äthylen-Copolymeren. Inh.: Union Carbide Corp. A. 15. 1. 70, B. 12. 11. 71. Int. Kl.: C 08j 1/00, C 08f 15/00, C 08h 9/00. A.-Z.: 7001383.

FRP 2075770 (B). Im geschmolzenen Zustand klebrige Faserstoffe und Folien auf der Basis von thermoplastischen Copolymeren des Acrylnitrils. Inh.: Farbenfabriken Bayer AG. A. 20. 1. 71, B. 12. 11. 71. Int. Kl.: C 08f 15/00, 47/00, D 01f 7/00. A.-Z.: 7101854. Prior.: 20. 1. 70 (DT; A.-Z.: P 2002249).

FRP 2074091 (B). Verfahren zur Herstellung von elastomeren Blockcopolymeren. Inh.: Stamicarbon N. V. A. 21. 12. 70, B. 5. 11. 71. Int. Kl.: C 08f 25/00. A.-Z.: 7046019. Prior.: 19. 12. 69 (NL; A.-Z.: 6919054).

DTO 2052212. Chemische Bindung einer Aminosäure an einen polymeren Träger. Erf.: *Johannes Jacobus Dahlmans* u. *Pieter Laurens Kerkhoffs*. Anm.: Stamicarbon N. V., Heerlen (NL). A. 23. 10. 70, B. 13. 5. 71. Kl.: 39b4, 27/08, Int. Kl.: C 08f 27/08. A.-Z.: P 2052212. Prior.: 25. 10. 69 (NL; A.-Z.: 6916122).

FRP 2074118 (B). Verfahren zur kontinuierlichen Herstellung von Pfropfcopolymeren. Inh.: Sociėta Italiana Resine S.p.A. A. 21. 12. 70, B. 5. 11. 71. Int. Kl.: C 08f 1/00, 19/00, 25/00. A.-Z.: 7046101. Prior.: 23. 12. 69 (IT; A.-Z.: 26207 A/69).

USP 3598884. Vernetzen von Polymeren. Erf.: *Yung-Kang Wei*. Inh.: Polymer Corpl. Ltd., Sarnia, Ontario (CA). A. 12. 7. 68, B. 10. 8. 71. Kl.: 260 bis 876, Int. Kl.: C 08f 27/00. 5 Anspr. A.-Z.: 744301. Prior.: 4. 8. 67 (CA; A.-Z.: 997079).

DTO 1694905. Stabilisatoren für Polyolefine. Erf.: *Keisuke Murayama, Toshimasa Toda, Saburo Akagi, Tomoyuki Kurumada, Ichiro Watanabe, Atsushi Kitaoka* u. *Miyazaki Nobeoka*. Anm.: Asahi Kasei Kogyo K. K., Osaka; u. Sankyo Co. Ltd., Tokio (JA). A. 26. 11. 66, B. 13. 5. 71. Kl.: 39b4, 29/02, Int. Kl.: C 08f 29/02. A.-Z.: P 1694905. Prior.: 26. 11. 65 (JA; A.-Z.: 40-72645, JAP 22652/68). Entspr. FRP 1501582, GBP 1130799 u. USP 3421232.

DTO 1694906. Neue Polyolefin-Stabilisatoren. Erf.: *Keisuke Murayama, Syoji Morimura, Saburo Akagi, Tomoyuki Kurumada, Ichiro Watanabe, Atsushi Kitaoka* u. *Miyazaki Nobeoka*. Anm.: Asahi Kasei Kogyo K. K., Osaka; u. Sankyo Co. Ltd., Tokio (JA). A. 26. 11. 66, B. 13. 5. 71. Kl.: 39b4, 29/02, Int. Kl.: C 08f 29/02. A.-Z.: P 1694906. Prior.: 26. 11. 65 (JA; A.-Z.: 40-72646, JAP 22653/68. Entspr. FRP 1501590, GBP 1130386 u. USP 3431233.

GBP 1251313. Polyäthylenmischungen. Inh.: Imperial Chemical Industries of Australia and New Zealand Ltd. A. 18. 2. 70, B. 27. 10. 71. Kl.: C5.P, Int. Kl.: C 08f 29/02. A.-Z.: 7790/70. Prior.: 20. 2. 69 (Au; A.-Z.: 50797). Entspr. DTO 2007965 u. GBP 1255581.

USP 3598767. Siliciumhaltiges Benzimidazolpolymeres und Verfahren zu dessen Herstellung. Erf.: *Hanna N. Kovacs, Alvin D. Delman* u. *Bernard B. Simms*. Inh.: United States of America, Secretary of the Navy. A. 27. 1. 69, B. 10. 8. 71. Kl.: 260-2, Int. Kl.: C 08f 5/302. 2 Anspr. A.-Z.: 794060.

GBP 1255267. Stabilisatoren für synthetische Harze. Inh.: Associated Lead MFRS. Ltd., u. D. G. Perason. A. 27. 2. 70, B. 1. 12. 71. Kl.: C3.P, Int. Kl.: C 08f 45/56, 29/18. A.-Z.: 12496/69. Entspr. DTO 2010720 u. FRP 2037860.

FRP 2075156 (B). Verfahren zum Vernetzen von Polyolefinen. Inh.: Farbenfabriken Bayer AG. A. 31. 12. 70, B. 12. 11. 71. Int. Kl.: C 08f 47/00, 29/00, 45/00. A.-Z.: 7047471. Prior.: 3. 1. 70 (DT; A.-Z.: P 2000179).

C 08g. Polykondensations- und Polyadditionsprodukte

CSP 143358. Verfahren zur Aktivierung von Nickelreaktoren für die Herstellung von Ketonharzen. Erf.: *Antonin Kocián*, A. 30. 5. 68, B. 31. 5. 71. Kl.: 39c, 18, Int. Kl.: C 08g 15/00. A.-Z.: 3965/68.

DTO 1943954. Tertiäre Stickstoffatome enthaltende Polyester. Erf.: *Erich Eimers, Hans Rudolph* u. *Werner Klöker*. Anm.: Farbenfabriken Bayer AG, 5090 Leverkusen (DT). A. 29. 8. 69, B. 19. 5. 71. Kl.: 39b5, 17/06, Int. Kl.: C 08g 17/06. A.-Z.: P 1943954. Entspr. FRP 2059752.

DTO 1955848. Verfahren zur Herstellung von gegebenenfalls verzweigten Polyesterpolyolen. Erf.: *Erich Bäder* u. *Lothar Rohe*. Anm.: Deutsche Gold- und Silber-Scheideanstalt vorm. Roessler, 6000 Frankfurt (DT). A. 6. 11. 69, B. 27. 5. 71. Kl.: 39b5, 17/007, Int. Kl.: C 08g 17/007. A.-Z.: P 1955848.

GBP 1252135. Herstellung von Antimonkatalysatoren. Inh.: Snia Viscosa Soc. Nazionale Industria Applicazioni Viscosa S.p.A. A. 17. 12. 68, B. 3. 11. 71. Kl.: C 1.A, Int. Kl.: B 01j 11/28, 13/00, C 08g 17/013. A.-Z.: 59858/68. Prior.: 23. 12. 67 (IT; A.-Z.: 817758).

DTO 2052923. Polyesteramidharze. Erf.: *Stuart Vivian Hammond*. Anm.: Victor Wolf Ltd., Clayton, Manchester (GB). A. 28. 10. 70, B. 13. 5. 71. Kl.: 39b5, 20/30, Int. Kl.: C 08g 20/30. A.-Z.: P 2052923 (Zus. z. Anm. m. A.-Z.: P 1929005). Prior.: 4. 11. 69 (GB: A.-Z.: 53904/69). Entspr. FRP 2073327.

FRP 2076026 (B). Neue Copolyamide. Inh.: Stamicarbon N. V. A. 8. 1. 71, B. 19. 11. 71. Int. Kl.: D 01f 7/00, C 08g 20/00, 53/00, B 29c 25/00. A.-Z.: 7100479. Prior.: 10. 1. 70 (NL; A.-Z.: 7000327).

GBP 1250878. Polyamide. Inh.: BP Chemicals (U. K.) Ltd. A. 9. 12. 67, B. 20. 10. 71. Kl.: C3.R, Int. Kl.: C 08g 20/02. A.-Z.: 56096/67. Entspr. DTO 1813019 u. FRP 1594164.

GBP 1251045. Verfahren zur Polymerisation von Dodecanolactam. Inh.: Imperial Chemical Industries Ltd. A. 23. 1. 69, B. 27. 10. 71. Kl.: C3.R, Int. Kl.: C 08g 20/10. A.-Z.: 6817/68. Entspr. DTO 1907032, FRP 2001764 u. USP 3583952.

GBP 1251046 (Zus. z. Pat. 1206423) (ausgesch. aus Pat. 1251045). Verfahren zur Polymerisation von Dodecanolactam. Inh.: Imperial Chemical Industries Ltd. A. 23. 1. 69, B. 27. 10. 71. Kl.: C3.R, Int. Kl.: C 08g 20/10. A.-Z.: 6577/71.

GBP 1252073. Verfahren zur Herstellung von Polyamiden. Inh.: Imperial Chemical Industries Ltd. A. 26. 1. 70, B. 3. 11. 71. Kl.: C3.R, Int. Kl.: C 08g 20/20, 20/38, 41/02, 51/02, 51/54. A.-Z.: 8937/69. Entspr. DTO 2007750 u. FRP 2035623.

SUP 314775 (Urheberschein). Verfahren zur Herstellung eines hochmolekularen Polyhexamethylenadipamids. Erf : *E. G. Chripkov, V. M. Charitonov* ,u. *G. I. Kudrjavcev*. A. 20. 12. 68, B. 21. 9. 71. Int. Kl.: C 08g 20/20. A.-Z.: 1291627/23-5.

SUP 314776 (Urheberschein). Verfahren zur Herstellung von Polyaroylenimidazolen. Erf.: *V. V. Koršak, Ju. E. Dorošenko*, u. *R. D. Fedorova*. Anm.: Moskovskij chimiko-technologičeskij Institut Im. D. I. Mendeleeva. A. 20. 1. 70, B. 21. 9. 71. Int. Kl.: C 08g 20/32. A.-Z.: 1398286/23-5.

SUP 314777 (Urheberschein). Verfahren zur Herstellung von Polyimiden. Erf.: *Koršak, V. V., A. L. Rusanov* u. *R. D. Kacareva*. Anm.: Institut elementoorganičeskich Soedinenij AN SSR. A. 22. 1. 70, B. 21. 9. 71. Int. Kl.: C 08g 20/32. A.-Z.: 1398758/23-5.

FRP 2073203 (B). Polyäther und Verfahren zu ihrer Herstellung. Erf. *M. Iovu* u. *M. Manolescu*. Inh.: Universitatea Bucuresti. A. 10. 12. 70, B. 29. 10. 71. Int. Kl.: C 08g 23/00. A.-Z.: 7044425. Prior.: 10. 12. 69 (RU; A.-Z.: 61805).

GBP 1250840. Verfahren zur Herstellung von Triglycidylcyanurat- und Polyglycidylisocanuratharz. Inh.: Bylakhman, E. M., u. Botvinkina, A. A. A. 10. 7. 69, B. 20. 10. 71. Kl.: C 3.B, Int. Kl.: C 08g 30/10, C 07c 99/04. A.-Z.: 34822/69.

DTO 1955573. Triazinringe enthaltende Polykondensate und deren Herstellung. Erf.: *Roshdy Ismail*. Anm.: Dynamit Nobel AG, 5210 Troisdorf (DT). A. 5. 11. 69, B. 13. 5. 71. Kl.: 39b5, 33/02, Int. Kl.: C 08g 33/02. A.-Z.: P 1955573.

CHP 515293. Verfahren zur Herstellung von Phosphor und Stickstoff enthaltenden Polymeren. Erf.: *Rainer Wolf*. Inh.: Sandoz AG, Basel (CH). A. 16. 10. 68. Int. Kl.: C 08g 33/16. A.-Z.: 15452/68.

USP 3598768. Heteroaromatische Azopolymere. Erf.: *Hartwig C. Bach*. Inh.: Monsanto Co., St. Louis, Mo. A. 9. 7. 69, B. 10. 8. 71. Kl.: 260-2, Int. Kl.: C 08g 33/00, 33/02. 6 Anspr. A.-Z.: 840455 (Zus. z. Pat. m. A.-Z.: 527503. A. 15. 2. 66). A.-Z.: 527503 entspr. DTO 1645035, CHP 478179, FRP 1494685 u. GBP 1147769.

GBP 1251969. Polyurethankompositionen. Inh.: Imperial Chemical Industries Ltd. A. 27. 3. 69, B. 3. 11. 71. Kl.: C3.R, Int. Kl.: C 08g 41/00. A.-Z.: 21612/68.

GBP 1251971. Synthetisches Polymeres. Inh.: Imperial Chemical Industries Ltd. A. 21. 4. 69. B. 3. 11. 71. Kl.: C3.R, Int. Kl.: C 08g 41/02, 51/54. A.-Z.: 22886/68. Entspr. DTO 1924761 u. FRP 2008514.

DTO 2056263. Stabilisierte Polyoxymethylenformmassen und ihre Verwendung zur Herstellung von Formkörpern. Erf.: *Jacob Ackermann* u. *Pierino Radici*. Anm.: Società Italiana Resine S.p.A., Mailand (IT). A. 16. 11. 70, B. 19. 5. 71. Kl.: 39b5, 43/00. A.-Z.: P 2056263. Prior.: 14. 11. 69 (IT; A.-Z.: 24407 A/69). Entspr. FRP 2069389.

C 08k. Zusatzstoffe für allgemeine Anwendung

DTO 2055421. Verfahren zur Herstellung eines stabilisierten Polymers. Erf.: *Reginoldus Havinga* u. *Pieter Dirk Swaters*. Anm.: Koninklijke Industriele Maatschappij Noury & van der Lande N. V., Deventer (NL). A. 1. 8. 70, B. 27. 5. 71. Kl.: 39b8, 1/32, Int. Kl.: C 08k 1/32. A.-Z.: P 2055421 (ausgesch. aus Anm. m. A.-Z. 2038347). Prior.: 28. 8. 69 (NL; A.-Z.: 6913138).

Sektion D. Textilien und Papier

TEXTILIEN

D 01. Natürliche oder künstliche Fäden oder Fasern; Spinnen

D 01b. Mechanische Behandlung von natürlichen faserigen oder fadenförmigen Stoffen zur Gewinnung von Fasern oder Fäden, z. B. zum Verspinnen

SUP 259319 (Urheberschein). Vorrichtung zur Bildung der Flachsstengelbänder. Erf.: *I. N. Levitskij* u. *S. I. Antonov*. Anm.: Kostromskoj naučno-issledovatel'skij Institut l'ajanoj promyšlennosti. A. 29. 7. 68, B. 12. 12. 69. Kl.: 29a, 2/01, Int. Kl.: D 01b. A.-Z.: 1262006/28-12.

SUP 260809 (Urheberschein). Transportbehälter zur Aufnahme des Flachsstrohs bei der Röste. Erf.: *V. A. Troickij, I. D. Treger*. Anm.: Latvijskij naučno-issledovatel'skij Institut legkoj promyšlennosti. A. 18. 4. 66, B. 6. 1. 70. Kl.: 29a, 4, Int. Kl.: D 01b. A.-Z.: 1069839/28-12.

SUP 267001 (Urheberschein). Vorrichtung zur Verhütung von Schäden an den Arbeitselementen der Sägeegreniermaschine. Erf.: *I. L. Savčenko* u. *A. S. Ignatenko*. A. 19. 6. 67, B. 1. 4. 70. Kl.: 29a, 1, Int. Kl.: D 01b 1/08. A.-Z.: 1165422/28-12.

DTO 1669561. Verfahren und Vorrichtung zum Karbonisieren von Wolle. Anm.: Vepa AG, Basel (CH). A. 18. 10. 66, B. 13. 5. 71. Kl.: 29b4, Int. Kl.: D 01c. A.-Z.: P 1669561. (V 32145) (Zus. z. Anm. m. A.-Z. P 1494549).

D 01d. Mechanisches Verfahren und Vorrichtungen für die Herstellung von künstlichen Fäden, Gespinsten, Fasern, Borsten oder Bändern

DTO 1760108. Düsen-Prüfgerät. Erf.: *Günther Kaufmann* u. *Siegfried Worret*. Anm.: Deutsche Rhodiaceta AG, 7800 Freiburg (DT). A. 5. 4. 68, B. 13. 5. 71. Kl.: 29a, 6/10, Int. Kl.: D 01d. A.-Z.: P 1760108.

DTO 1957239. Formbeständige Spinndüse. Erf.: *Hans-Jürgen Baumecker* u. *Werner Funk*. Anm.: Deutsche Gold- u. Silberscheideanstalt vorm. Roessler, 6000 Frankfurt (DT). A. 14. 11. 69, B. 19. 5. 71. Kl.: 29a, 6/10, Int. Kl.: D 01d 3/00. A.-Z.: P 1957239.

DTO 1660390. Zusammengesetzte Acrylbauschfasern. Erf.: *Kazumi Nakagawa* u. *Keitaro Shimoda*. Anm.: Japan Exlan Co., Ltd., Osaka (JA). A. 30. 8. 66, B. 13. 5. 71. Kl.: 29a, 6/20, Int. Kl.: D 01d. A.-Z.: P 1660390 (J 31672). Prior.: 31. 8. 65 (JA; A.-Z.: 53294/65). Entspr. FRP 1490435 u. GBP 1161606.

DTO 1710665. Vorrichtung zum Verstrecken von Chemiefäden. Erf.: *Erich Bucher* u. *Horst Hanninger*, Anm.: Zinser Textilmaschinen GmbH, 7333 Ebersbach (DT). A. 8. 3. 66, B 13. 5. 71. Kl: 29a, 6/31, Int. Kl.: D 01d. A.-Z.: P 1710665 (Z 12080). Entspr. CHP 445713.

DTO 2052664. Vorrichtung zum Mischen, Homogenisieren oder Teilen viskoser Flüssigkeiten. Erf.: *Jacques Wilhelmus Jozef Appeldoorn*, u. *Robert Sluijters*. Anm.: Akzo N. V., Arnhem (NL). A. 27. 10. 70, B. 27. 5. 71. Kl.: 29a, 6/31, Int. Kl.: D 01d 5/08. A.-Z.: P 2052564. Prior.: 14. 11. 69 (NL; A.-Z.: 6917131). Entspr. FRP 2073356.

CHP 515794. Verfahren und Vorrichtung zur kontinuierlichen Herstellung eines Polyamidstranges. Erf. u. Inh.: *Hans Löckmann*, 89 rue de Lausanne, Genf (CH). A. 23. 10. 69, Int. Kl.: B 29f 3/00. A.-Z.: 15803/69.

FRP 2072824 (B). Verfahren und Vorrichtung zum kontinuierlichen Spinnen und Recken synthetischer Fäden. Inh.: Snia Viscosa Società Nazionale Industria Applicazioni Viscosa. A. 3. 12. 70, B. 29. 10. 71. Int. Kl.: D 01d 5/00. A.-Z.: 7043446. Prior.: 4. 12. 69 (IT; A.-Z.: 25356-A/69).

USP 3600751. Vorrichtung zur Extrusion von Wirrlagevliesen. Erf.: *Theodore H. Fairbanks*. Inh.: FMC Corp., Philadelphia, Pa. A. 24. 1. 69, B. 24. 8. 71. Kl.: 18-12 N, Int. Kl.: B 29f 3/04. 5 Anspr. A.-Z.: 793731.

GBP 1252764. Hitzebehandlung von synthetischen Textilfäden. Inh.: T.M. M. (Research) Ltd. A. 30. 5. 69, B. 10. 11. 71. Kl.: B 5. B, Int. Kl.: D 01d 9/08. A.-Z.: 26474/68. Entspr. DTO 1927474 u. FRP 2010118.

DTO 1953527. Fadenumlenkrolle. Erf.: *Peter Klementz, Heinz Massat, Christoph Nitschke* u. *Herbert Haubold*. Anm.: Glanzstoff AG, 5600 Wuppertal-Elberfeld (DT). A. 24. 10. 69, B. 19. 5. 71. Kl.: 29a, 6/31, 76c, 10/01, Int. Kl.: D 01d 13/02, D 01h 13/04. A.-Z.: P 1953527.

D 01f. Chemische Gesichtspunkte bei der Herstellung von künstlichen Fäden, Gespinsten, Fasern, Borsten oder Bändern

DTO 1669508. Verfahren zum Schutz der Aktivkohle bei der Reinigung von Viskoseabluft. Erf.: *Hans Werner Bräuser* u. *Friedrich Fischer*. Anm.: Bamag Verfahrenstechnik GmbH, 6308 Butzbach (DT). A. 26. 5. 66, B. 13. 5. 71. Kl.: 29b, 3/28, Int. Kl.: D 01f. A.-Z.: P 1669508 (P 39538).

USP 3600748. Extrusionskopf. Erf.: *Knud Faehndrich* u. *Edmund Lindner*, Inh.: BASF Corp., New York, N. Y. A. 1. 5. 69, B. 24. 8. 71. Kl.: 18-12DM, Int. Kl.: B 29f 3/00. 5 Anspr. A.-Z.: 820731.

DTO 1669418. Verfahren zum Färben von Polyamiden. Erf.: *Erich Istel, Reinhold Hörnle* u. *Karlheinz Wolf*. Anm.: Farbenfabriken Bayer AG, 5090 Leverkusen (DT). A. 17. 12. 66, B. 19. 5. 71. Kl.: 29b, 3/60, Int. Kl.: D 01f. A.-Z.: P 1669418 (F 50993). Entspr. CHP 490522, FRP 1547244 u. GBP 1215476.

FRP 2076516 (B). Neues Verfahren zur Herstellung von Fäden aus gefärbten Polymeren auf der Grundlage von Acrylnitril. Erf.: *Jacques Menault* u. *Jean Terrier*. Inh.: CTA – Compagnie Industrielle de Textiles Artificiels et Synthetiques. A. 16. 1. 70, B. 19. 11. 71. Int. Kl.: D 01f 7/00, C 08f 29/00. A.-Z.: 7001694.

FRP 2076674 (B). Verfahren zur Herstellung gekräuselter Faserstoffe aus Polymeren auf der Grundlage von Acrylnitril. Erf.: *Paul Herrbach* u. *Alain Breton*. Inh.: CTA – Compagnie Industrielle de Textiles Artificiels et Synthetiques. A. 13. 1. 70, B. 19. 11. 71. Int. Kl.: D 01f 1/00, 7/00, C 08f 29/00. 37/00. A.-Z.: 7002373.

D 02g. Kräuseln oder Krimpfen (Texturieren) von Fasern, Zwirnen oder Garnen; Garne oder Zwirne

DTO 1660177. Verfahren zur kontinuierlichen Herstellung verdickter oder aufgequollener Fäden, bestehend sowohl aus kurzen zusammenziehbaren, als auch aus kurzen fixierten Fasern, welches sich insbesondere zur Herstellung akrylischer Fäden eignet. Erf. u. Anm.: *Antonio Carlo Degli* u. *Giuseppe Masci*. Mailand (IT). A. 22. 3. 67, B. 27. 5. 71. Kl.: 29a, 6/20, Int. Kl.: D 02g 1/00. A.-Z.: P 1660177 (A 55226). Prior.: 23. 3. 66 (IT; A.-Z.: 15868).

CHP 516015. Vorrichtung zum Kantenkräuseln von Garn. Erf.: *Hiroshi Kashima, Wataru Kurokawa, Shigeto Kai* u. *Kazuhiko Oka*. Inh.: Asahi Kasei Kogyo Kabushiki Kaisha 25-1, Dojinahamadovi-1-chome, Kita-ku, Osaka (JA). A. 11. 10. 65. Int. Kl.: D 02g 1/10. A.-Z.: 2843/67 (Teilges. v. Pat. m. A.-Z. 13956/65). Prior.: 12. 10. 64, 31. 10. 64 (JA; A.-Z.: 39-57 824, 39-61 486). Vgl. auch CHP 503129. Entspr. FRP 1458737 u. USP 3346931.

GBP 1251208. Stauchkammertexturieren von synthetischen Fäden. Inh.: T. M. M. (Research) Ltd. A. 29. 4. 69, B. 27. 10. 71. Kl.: B5.B, Int. Kl.: D 02g 1/12. A.-Z.: 23071/68. Entspr. DTO 1923144, CHP 510143 u. FRP 2008559.

USP 3600774 (Zus. z. Pat. 3500516. A. 19. 3. 68, B. 17. 3. 70. A.-Z.: 714171. Pat. 3374514. A. 20. 4. 66. A.-Z.: 543947, u. Pat. 3457615. A. 29. 11. 67. A.-Z.: 686424). Vorrichtung zur Strangbehandlung. Erf. u. Inh.: *Charles A. McClure*. R. D. 2, Malvern, Pa. A. 13. 3. 70, B. 24. 8. 71. Kl.: 28-1,2, Int. Kl.: D 02g g 1/00. 15 Anspr. A.-Z.: 19440. A.-Z.: 686424 vgl. auch 3457613, A.-Z.: 714171 vgl. auch USP 3500516.

USP 3600776. Stauchkräuselmaschine. Erf.: *Sokichi Aoki*, u. *Yoshinobu Murakami*. Inh.: Teijin Ltd., Kitaku, Osaka (JA). A. 26. 11. 69, B. 24. 8. 71. Kl.: 28-1,6, Int. Kl.: D 02g 1/12. 1 Anspr. A.-Z.: 880130.

DTO 2042762. Kombiniertes Garn sowie Verfahren zu dessen Herstellung. Erf. u. Anm.: *Emilian Bobkowicz* u. *Andrew John Bobkowicz*, Montreal, Quebec (CA). A. 28. 8. 70, B. 27. 5. 71. Kl.: 29a, 6/06, 76c, 24/01, Int. Kl.: D 02g 3/02, D 01h 1/12. A.-Z.: P 2042762. Prior.: 15. 9. 69 (CA; A.-Z.: 062054). Entspr. FRP 2057698.

GBP 1252738. Garne. Inh.: Linen Industry Research Association. A. 20. 1. 69. B. 10. 11. 71. Kl.: D1.F, Int. Kl.: D 01g 1/08, D 02g 3/00, A.-Z.: 2760/68.

PAPIER

D 21. Papierherstellung; Gewinnung von Cellulose bzw. Zellstoff

D 21c. Gewinnung von Cellulose durch Abscheiden nichtcelluloseartiger Substanzen von cellulosehaltigen Stoffen; Wiedergewinnung der Zellstoffablaugen; Vorrichtungen dafür

D 21c 3/00. Aufschluß von celluloschaltigen Stoffen

FRP 2074691 (B). Verfahren zur Behandlung von Lignocellulosematerialien. Inh.: Owens-Illinois Inc. A. 19. 1. 70, B. 12. 11. 71. Int. Kl.: D 21c 3/00. A.-Z.: 7001785.

FRP 2075111 (B). Vorrichtung und Verfahren zum Bleichen eines Lignocellulosematerials mit Sauerstoff. Erf.: *Allan Geoffrey Jamieson*. Inh.: Canadian Industries Ltd. A. 29. 12. 70, B. 12. 11. 71. Int. Kl.: D 21c 9/00. A.-Z.: 7046990. Prior.: 8. 1. 70 (CA; A.-Z.: 71726).

FRP 2076611 (B). Verbesserungen bei Heißluftdirektverdampfern, wobei die Wärme aus einem Kessel zugeführt wird. Inh.: Babcock-Atlantique. A. 21. 1. 70, B. 19. 11. 71. Int. Kl.: D 21c 11/00, B 01d 1/00. A.-Z.: 7002059.

Sektion G. Physik

G 01. Messen; Prüfen

G 01n. Untersuchen der chemischen oder physikalischen Eigenschaften von Stoffen

DTO 1956097. Prüfeinrichtung für Gurte oder Bänder, insbesondere Kraftfahrzeug-Sicherheitsgurte. Erf.: *Helmut Ristau*. Anm.: Volkswagenwerk AG, 3180 Wolfsburg (DT). A. 7. 11. 69, B. 19. 5. 71. Kl.: 42k, 50, Int. Kl.: G 01n. A.-Z.: P 1956097.

SUP 315092. (Urheberschein). Gerät zum wiederholten Zug von Fäden. Erf.: *B. D. Rysjuk* u. *S. S. Teplickij*. A. 7. 6. 67, B 21. 9. 71. Int. Kl.: G 01n 3/38. A.-Z.: 1162551/28-12.

Literaturschau

Auszug aus Lieferung 11 und 12/1972 der Literaturschau „Faserstoffe und Textiltechnik", zusammengestellt von der Abteilung Information und Dokumentation des Instituts für Polymerenchemie der DAW, 153 Teltow-Seehof, Kantstr. 55

I. Wissenschaftliche Grundlagen

Allgemeines

(Untersuchungsmethoden u. a.)

Gärtner, R., Heise, M.: Zur Anwendung der Randwinkelmessung in der Faserforschung. Wiss. Z. Techn. Univ. Dresden **20** (1971) 3, S. 733–737.

Melsheimer, J.: Ein Rotationsviskosimeter zur Bestimmung des Viskositätsverlaufes bei sehr kleinen Geschwindigkeitsgefällen. Kolloid-Z. u. Z. Polymere **250** (1972) 2, S. 97–101.

Physik und Chemie der Hochpolymeren

Saito, T., Yamaguchi, K., Hayashi, Sh.: Computer-Simulierung. Kobunshi Kagaku, Tokyo (Chem. High Polymers) **29** (1972) 322 (2), S. 83–86. (jap.; engl. Zusammenfass.).

Massoud, M. F.: Über das Problem der Analysis großer Abweichungen räumlicher Fasern. Textile Res. J. **41** (1971) 10, S. 793–800.

Naganuma, Sh., Sakurai, T., Takahashi, Y., Takahashi, S.: Entwicklung der dynamischen Federanalyse. Kobunshi Kagaku, Tokyo (Chem. High Polymers) **29** (1972) 322 (2), S. 105–109. (jap.; engl. Zusammenfass.).

Buchgalter, V. I., Emel'janova, V. P., Duntov, F. I., Krundel', V. Ch.: Rheologische Kriterien und Verarbeitbarkeit von Äthylen/Vinylacetat-Copolymeren. Plast. Massy, Moskva (Plast. Massen) (1972) 4, S. 38–39.

Nikitina, N., Nekrasov, I., Krasnov, E.: Osmotischer Druck von Poly-m-phenylen-isophthalamid im System Dimethylformamid/Lithiumchlorid. Chim. Volokna (Chem. Fasern) (1972) 2, S. 71.

Cilipotkina, M. V., Jovleva, M. M., Papkov, S. P., Tager, A. A.: Über die Porosität ultradünner Celluloseacetatfilme. Vysokomol. Soed. (Hochmol. Verbind.) Serie A **14** (1972) 4, S. 846–850.

McGregor, R.: Eine Asymmetrie in den einfachen Donnan-Membrantheorien. Textile Res. J. **41** (1971) 11, S. 943.

Zeman, L., Biros, J., Delmas, G., Patterson, D.: Druckeffekte in Polymerlösungsgleichgewichten. I. Die untere kritische Lösungstemperatur von Polyisobutylen und Polydimethylsiloxan in niederen Alkanen. J. physic. Chem. **76** (1972) 8, S. 1206–1213.

Zeman, L., Patterson, D.: Druckeffekte in Polymerlösungsgleichgewichten. II. Systeme mit oberen und unteren kritischen Lösungstemperaturen. J. physic. Chem. **76** (1972) 8, S. 1214–1219.

Murav'eva, N. I., Konkin, A. A.: Einfluß der relativen Molekülmasse und der Reckbedingungen auf die Eigenschaften von Faserstoffen auf der Basis eines aromatischen Polysulfonamids. Chim. Volokna (Chem. Fasern) (1972) 2, S. 8–10.

Noack, Dieter: Die Bestimmung der relativen Molmassenverteilung von Polyacrylnitrilfaserstoffen durch Gelpermeationschromatographie – Eine Analysenmethode zur Beurteilung textilchemischer Veredlungsverfahren. Wiss. Z. Techn. Univ. Dresden **20** (1971) 3, S. 693–697.

Dautzenberg, H., Schumann, J., Philipp, B.: Zur spektralfotometrischen Bestimmung von Xanthogenaten. Faserforsch. u. Textiltechnik **23** (1972) 6, S. 256–261.

Kimmer, W., Schmolke, R.: Zur ultrarotspektroskopischen Analyse von Styrol-Akrylnitril-Kopolymeren und ABS. Plaste u. Kautschuk **19** (1972) 4, S. 260–262.

Witenhafer, D. E.: IR-Untersuchungen der Kristallinität von Polyvinylchlorid. J. macromol. Sci., B: Physics **4** (1970) 4, S. 915–929.

Schultz, J. M.: Qualitative Theorie der „Bilderrahmen"-Morphologie von getemperten Lamellenkristallen. J. macromol. Sci., B: Physics **4** (1970) 4, S. 775–781.

Doll, W. W., Lando, J. B.: Polymorphie von Polyvinylidenfluorid. IV. Struktur von unter Hochdruck kristallisiertem Polyvinylidenfluorid. V. Einfluß des hydrostatischen Drucks auf das Schmelzverhalten von Vinylidenfluoridcopolymeren. J. macromol. Sci., B: Physics **4** (1970) 4, S. 889 bis 896; 897–913.

Danievska, I., Makaruk, L., Porejko, S.: Untersuchung der Struktur von durch Interphasen-Polykondensation hergestelltem Polyamid 6.3. Polimery, Warszawa **16** (1971) 12, S. 559–561.

Rigo, A., Palma, G., Talamini, G.: Untersuchungen über die Verzweigung von Polyvinylchlorid. Makromol. Chemie **153** (1972) S. 219–228. (engl.).

Samuels, R. J.: Quantitative Strukturcharakterisierung der mechanischen Eigenschaften von isotaktischem Polypropylen. J. macromol. Sci., B: Physics **4** (1970) 3, S. 701–759.

Awaya, H.: Struktur von Sphärolithen bei isotaktischem Polypropylen. Kobunshi Kagaku, Tokyo (Chem. High Polymers) **29** (1972) 322 (2), S. 101 bis 104. (jap.; engl. Zusammenfass.).

Gafurov, U. G.: Konformationsübergänge und Spaltungen von Polymerketten während des Orientierungsreckens von linearem Polyäthylen. Vysokomol. Soed. (Hochmol. Verbind.) Serie A **14** (1972) 4, S. 873–880.

Komkov, Ju. A., Šiškin, N. I.: Über die Veränderung der Dichte und der Kristallinität von Kapron beim Orientierungsrecken. Vysokomol. Soed. (Hochmol. Verbind.) Serie B: Kratkie Soobšč. (Kurzmitt.) **14** (1972) 4, S. 295–298.

Ahmed, A. U., Rapson, W. H.: Einfluß der Kristallinität auf die strahlungsinduzierte Pfropfcopolymerisation auf Cellulose. J. Polymer Sci., A-1: Polymer Chem. **9** (1971) 8, S. 2129–2136.

Platé, N. A., Šibaev, V. P., Petruchin, B. S., Zubov, Ju. A., Kargin, V. A. (Schreibw. i. Orig.: *Shibaev, V. P., Petrukhin, B. S., Zubov, Yu. A.*): Struktur von kristallinen Polymeren mit unverzweigten langen Seitenketten. J. Polymer Sci., A-1: Polymer Chem. **9** (1971) 8, S. 2291–2298.

Perepelkin, K. E.: Struktur und mechanische Eigenschaften von hochorientierten Polymeren. Angew. makromol. Chemie, Basel **22** (1972) S. 181 bis 204.

Millard, M. M.: Analyse von an der Oberfläche oxydierten Wollfasern mittels Röntgenelektronenspektrometrie. Analytic. Chem. **44** (1972) 4, S. 828–829.

Schönfeld, A., Wilke, W., Höhne, G., Hosemann, R(udolf): Kristallitgröße und Gitterstörungen in Polyäthylen und deren Änderung beim Nitrieren. Kolloid-Z. u. Z. Polymere **250** (1972) 2, S. 102–110.

Gupta, V. B., Ward, I. M.: Kristallitorientierung in Polyäthylen niederer Dichte und ihr Einfluß auf die mechanische Anisotropie. J. macromol. Sci., B: Physics **4** (1970) 2, S. 453–459.

Takahashi, T., Inamura, M., Tsujimoto, I.: Epitaxiales Wachstum von Polymerkristallen. II. Epitaxiales Wachstum von aliphatischen Polyestern auf einachsig orientiertem Polyäthylen. Kobunshi Kagaku, Tokyo (Chem. High Polymers) **28** (1971) 320 (12) S. 973–977. (jap; engl. Zusammenfass.).

Takahashi, T., Inamura, M., Tsujimoto, I.: Epitaxiales Wachstum von Polymerkristallen. III. Epitaxiales Wachstum von Polymerkristallen an einachsig verstrecktem Polyäthylen. Polycaprolactam und Polyoxymethylen. Kobunshi Kagaku, Tokyo (Chem. High Polymers) **28** (1971) 320 (12) S. 978–982. (jap; engl. Zusammenfass.).

Uterskij, L. E.: Beurteilung des Anteils an belasteten Ketten in amorphen Zwischenschichten im Vergleich zu der Anzahl der Ketten in Kristalliten anhand der akustischen Methode. Vysokomol. Soed. (Hochmol. Verbind.) Serie B: Kraktie Soobšč. (Kurzmitt.) **14** (1972) 4, S. 308–310.

Kruglova, G. S., Fichman, V. D., Alekseeva, V. M., Krasnov, E. P.: Über die Veränderung der Makrostruktur von Polyvinylchloridfaserstoff während des Orientierungsreckens. Chim. Volokna (Chem. Fasern) (1972) 2, S. 13 bis 15.

Sebina, L. P., Usenko, V. A., Nefedov, B. A., Smirnov, V. K.: Einfluß der thermischen Behandlung auf die Veränderung der Struktur und der Eigenschaften von Polyesterfäden während der Texturierung. Chim. Volokna (Chem. Fasern) (1972) 2, S. 46–48.

Schultze-Gebhardt, F., Müller, E. H.: Strukturänderungen beim thermischen Schrumpfen gereckter Polyamid-6-Fäden. Faserforsch. u. Textiltechnik **23** (1972) 6, S. 247–255.

Minami, Sh., Yoshihara, T., Sato, H.: Relaxationserscheinungen bei gereckten Proben. Mechanisches Relaxationsverhalten von Polyacrylnitril. Kobunshi Kagaku, Tokyo (Chem. High Polymers) **29** (1972) 322 (2), S. 114 bis 117. (jap; engl. Zusammenfass.).

Yannas, I. V., Lunn, A. C.: Übergang vom linearen zum nichtlinearen viskoelastischen Verhalten. Teil I. Kriechen von Polycarbonat. J. macromol. Sci., B: Physics **4** (1970) 3, S. 603–620.

Kočerov, V. L., Lukač, Ju. E., Sporjagin, E. A., Cicankina, L. A.: Fließen von Polymerschmelzen im kombinierten Extruder. Mech. Polimerov, Riga (Mech. der Polymeren) (1972) 2, S. 351–358.

Vajsberg, S. E., Stepanov, V. F., Sičkar, V. P., Karpov, V. L.: Untersuchung des strahlungsinduzierten Kriechens von Polymeren und seiner Beziehung zur strahlungsinduzierten Leitfähigkeit. Vysokomol. Soed. (Hochmol. Verbind.) Serie A **14** (1972) 4, S. 899–909.

Ender, D. H.: Verhalten von abgeschrecktem und getempertem Polymethylmethacrylat an der Fließgrenze. J. macromol. Sci., B: Physics **4** (1970) 3, S. 635–648.

Tanaka, T., Yamamoto, M., Takano, Y.: Nicht-Newton'sches Fließen für konzentrierte Polymersysteme. J. macromol. Sci., B: Physics **4** (1970) 4, S. 931–945.

Machnowska, Z., Kubacki, Z., Ratajska, M.: Einfluß der thermischen Veredlungsprozesse auf die Strukturveränderungen der Anilanafaser. Przegl. włókienn. (Textil-Rdsch.) **26** (1972) 1, S. 42–45.

Pechhold, W., Blasenbrey, S.: Phasenumwandlungen, Relaxationen und Eigenschaften von Hochpolymeren. Angew. makromol. Chemie, Basel **22** (1972) S. 3–25. (engl.).

Razinskaja, I. N., Vidjajkina, L. I., Radbil', T. I., Štarkman, B. P.: Zur Beurteilung der Verträglichkeit und des Phasenzustandes von Polymergemischen. Vysokomol. Soed. (Hochmol. Verbind.) Serie A **14** (1972) 4, S. 968–973.

Fedorova, R., Kudrjavcev, G., Krutikova, N.: Über die Verträglichkeit der Lösungen von Polyamidgemischen. Chim. Volokna (Chem. Fasern) (1972) 2, S. 73–74.

Ratner, S. B.: Einfluß der Belastung auf die Intensität der Zerstörung und der Verformung von Polymeren. Mech. Polimerov, Riga (Mech. der Polymeren) (1972) 2, S. 366–368.

Wang, Kuo-hui, Tien, Chi: Zerstäubung und Tropfengröße von Polymerlösungen. IEC. Ind. engng. Chem./Proc Design Development **11** (1972) 2, S. 169–178.

Müller, G.: Differentialthermoanalytische Untersuchungen an Cellulosefaserstoffen. Wiss. Z. Techn. Univ. Dresden **20** (1971) 3, S. 669–705.

van Lancker, M., Veirman, E.: Charakterisierung der relativen Molekülmasse von Cellulosematerialien. Teil II. Gelchromatographie. Ann. sci. textiles belges **20** (1972) 1, S. 21–38.

Goetze, P. K., Porter, R. S., Johnson, J. F.: Säulenfraktionierung von Polymeren. XXI. Gelchromatographie. Der Einfluß der Probenviskosität auf die Elutionskennwerte. J. Polymer Sci., A-2: Polymer Physics **9** (1971) 12, S. 2255–2258.

Sakaguchi, Y., Iwagaki, T., Tamaki, K.: Polyelektrolytisches Verhalten von Polymethacrylsäure aus Polymethacrylanhydrid und isotaktischen Methacrylpolymeren. Kobunshi Kagaku, Tokyo (Chem. High Polymers) **29** (1972) 322 (2), S. 73–77 (jap; engl. Zusammenfass.).

Ihara, Y., Koga, J., Kuroki, N.: Assymmetrische Wechselwirkung von optisch aktiven Polymeren mit asymmetrischen kleinen Molekülen. I. Wechselwirkung von optisch aktiven sauren Polymeren mit Aminosäuren. J. Polymer Sci., A-1: Polymer Chem. **9** (1971) 8, S. 2413–2418.

Poluchina, L. M., Barambojm, N. K.: Kinetik des mechanischen Abbaues von Gemischen aus Polymeren mit starrer Struktur. Vysokomol. Soed. (Hochmol. Verbind.) Serie A **14** (1972) 4, S. 910–914.

Zakrevskij, V. A., Korsukov, V. E.: Untersuchung des Kettenmechanismus des mechanischen Abbaues von Polyäthylen. Vysokomol. Soed. (Hochmol. Verbind.) Serie A **14** (1972) 4, S. 955–961.

Minsker, K. S., Berlin, Al. Al., Kazačenko, D. V., Abdullina, R. G.: Über die zwei Reaktionsrichtungen bei der Eliminierung von Chlorwasserstoff während des thermischen Abbaues von Polyvinylchlorid. Dokl. Akad. Nauk SSSR (Ber. Akad. Wiss. UdSSR) **203** (1972) 4, S. 881–884.

Harris, J. A., Arthur, J. C., jr.: Strahlungsinitiierte Reaktion von Styrol mit Mischungen von Baumwolle und Viskosefaserstoff. J. Polymer Sci., B: Polymer Letters **9** (1971) 12, S. 915–921.

Buniat-Zadè, A. A., Osipov, E. A., Azimova, A. B.: Fraktionierung von Polyolefinen in einer Säule mit beweglichem Temperaturgradienten. Vysokomol. Soed. (Hochmol. Verbind.) Serie A **14** (1972) 3, S. 722–725.

Physik und Chemie der Monomeren und Oligomeren

Pachomova, I. E., Žulin, V. M., Gonikberg, M. G., Ivanov, V. P.: Umwandlungen von Nitrilen in fester Phase unter kombinierten Hochdruck-Scher-Einwirkungen. Izv. Akad. Nauk SSSR, Serija chim. (Nachr. Akad. Wiss. UdSSR, Chemie) (1972) 4, S. 857–864.

Koževor, A. G., Genkina, E. V., Šmidt, Ja. A.: Untersuchung der Reaktionskinetik von Cyclohexanisocyanat sowie cis- bzw. trans -1,3- und 1,4-Cyclohexandiisocyanaten mit Alkoholen. Vysokomol. Soed. (Hochmol. Verbind.) Serie A **14** (1972) 3, S. 662–668.

Sokolova, D. F., Sokolov, L. B.: Relative Reaktionsfähigkeit von Dicarbonsäurechloriden bei ihrer Umsetzung mit Dimethylacetamid. Vysokomol. Soed. (Hochmol. Verbind.) Serie A **14** (1972) 4, S. 894–898.

Privalko, V. P., Sumskij, V. F., Lipatov, Ju. S.: Viskositätseigenschaften von Oligoäthern und Oligoestern im geschmolzenen Zustand. Vysokomol. Soed. (Hochmol. Verbind.) Serie A **14** (1972) 4, S. 764–771.

Brzeziński, J., Czarnecka, B., Kornas-Cepiel, A.: Relative Molekülmasse und Polymolekularität von gesättigten Oligoestern. Polimery, Warszawa **16** (1971) 12, S. 562–565.

Polymerisation

Smets, G.: Neue Tendenzen bei der Synthese von Hochpolymeren und strukturelle Kennwerte der neuen Stoffe. Angew. makromol. Chemie, Basel **22** (1972) S. 87–105. (engl.).

Nekrasov, I. K., Frenkel', S. Ja.: Verteilung der relativen Molekülmassen im Falle einer linearen irreversiblen Polykondensation mit Abbruchreaktionen als Nebenreaktionen. Dokl. Akad. Nauk SSSR (Ber. Akad. Wiss. UdSSR) **203** (1972) 6, S. 1354–1357.

Mejzlík, J., Vilímová, L.: Probleme der kolloid-chemischen Stabilität bei Polymerisation von Propylen an Ziegler/Natta-Katalysatorsystemen. Chem. Prům., Praha (Chem. Ind.) **22 (47)** (1972) 2, S. 72–75.

Klippert, H., Ringsdorf, H.: Ylide als Polymerisationsinitiatoren. I. Salzhaltige und salzfreie Phosphoniumylide. Makromol. Chemie **153** (1972) S. 289–306.

Kučanov, S. I., Pismen, L. M.: Berechnung der Polykondensationskinetik von Reaktionszentren mit nichtkonstanter Aktivität enthaltenden Monomeren. Vysokomol. Soed. (Hochmol. Verbind.) Serie A **14** (1972) 4, S. 886–893.

Gaylord, N. G., Patnaik, B. K., Stolka, M.: Pfropfcopolymere von alternierenden Copolymeren. IV. Pfropfen von alternierenden Copolymeren auf vorkomplexierte Polymere. J. Polymer. Sci., B: Polymer Letters **9** (1971) 12, S. 923–926.

Reimschuessel, H. K., Dege, G. J.: Zum Gleichgewicht bei der Polykondensation von Caprolactam. J. Polymer Sci., A-1: Polymer Chem. **9** (1971) 8, S. 2343–2359.

Koršak, V., Rusanov, A. L., Tuguši, D. S., Gitis, S. S., Ivanov, A. V., Botkina, E. V.: Synthese und Untersuchung aromatischer Polyimide mit Anilinseitengruppen. Vysokomol. Soed. (Hochmol. Verbind.) Serie A **14** (1972) 3, S. 686–694.

Nowakowska, M., Uhniat, M., Topolska, B.: Durch $(Ti(OC_4H_9)_4 + Al(C_2H_5)_2 \cdot Cl)$-Komplex katalysierte Polymerisation von Äthylen. Teil II. Untersuchung der Polymerisationsbedingungen. Polimery, Warszawa **16** (1971) 12, S. 549–552.

Mengoli, G., Vidotto, G.: Elektrisch ausgelöste kationische Polymerisation von Äthyl- und i-Butylvinyläthern. Makromol. Chemie **153** (1972) S. 57 bis 70. (engl.).

Malachova, L. I., Vlasov, A. V., Michajlov, N. V., Cetlin, B. L.: Kinetische Gesetzmäßigkeiten der strahlungsinduzierten Pfropfung von Acrylsäure aus der Gasphase auf Polypropylenfaserstoff. Vysokomol. Soed. (Hochmol. (Verbind.) Serie A **14** (1972) 4, S. 751–755.

Kido, I., Suzuki, K., Yamauchi, K.: Polymerisation von Acrylamid durch einen Redoxinitiator aus Cersalz und Bis-β-hydroxyäthylterephthalat. Kobunshi Kagaku, Tokyo (Chem. High Polymers) **29** (1972) 322(2). S. 123 bis 127. (jap; engl. Zusammenfass.).

Cabaness, W. R., Yen-Chin Lin, T., Párkányi, C.: Einfluß des pH-Wertes auf die Reaktionsfähigkeitsverhältnisse bei der Copolymerisation von Acrylsäure und Acrylamid. J. Polymer Sci., A-1: Polymer Chem. **9** (1971) 8, S. 2155–2170.

Böhm, L. L., Schulz, G. V.: Über die Elementarprozesse bei der anionischen Polymerisation des Styrols in Tetrahydropyran (THP). Makromol. Chemie **153** (1972) S. 5–20.

Podol'skij, A. F., Daškin, R. Ch., Korotkov, A. A., (Schreibw. i. Orig.: *Podolsky, A. F., Dashkin, R. Ch.*): Polymerisation von α-Methylstyrol durch ein „lebendes" Polymeres in Tetrahydrofuran. J. Polymer Sci., A-1: Polymer Chem. **9** (1971) 8, S. 2259–2272.

Gey, E.: Reaktivität substituierter Styrole bei der radikalischen Copolymerisation mit Styrol. J. prakt. Chemie **313** (1971) 6, S. 1155–1172.

Bylina, G. S., Matveenceva, M. S., Ol'dekop, Ju. A.: Polymerisation von Styrol in der Masse in Gegenwart von Diacyldiperoxiden auf der Basis von o- und p-Phthalsäure. Vysokomol. Soed. (Hochmol. Verbind.) Serie B: Kratkie Soobšč. (Kurzmitt.) **14** (1972) 4, S. 284–287.

Hirai, H., Komiyama, M., Toshima, N.: Wechselwirkung des 2:1-Methylmethacrylat/Zinnchlorid-Komplexes mit Styrol oder Toluol. J. Polymer Sci., B: Polymer Letters **9** (1971) 12, S. 883–889.

Verfahren zum Gießen von Monomeren ergibt Polychloral. Chem. engng. News **50** (1972) 12, S. 41.

Chatani, Y., Kitahama, K., Tadokoro, H., Yamauchi, T., Miyake, Y.: Polymerisation von Pentoxan $(-CH_2-O-)_5$ im festen Zustand. J. macromol. Sci., B: Physics (1970) 1, S. 61–86.

Skvorcova, G. G., Domnina, E. S., Glazkova, N. P., Ivlev, Ju. N., Čipanina, N. N.: Synthese und Modifizierung von Polyvinylimidazolen. Vysokomol. Soed. (Hochmol. Verbind.) Serie A **14** (1972) 3, S. 587–593.

Hergenrother, P. M.: Polychinazoltriazole. J. Polymer Sci., A-1: Polymer Chem. **9** (1971) 8, S. 2377–2392.

Ito, A., Yoshida, M., Nakase, Y.: Polymerisation von Tetroxan durch radikalische Initiatoren. J. Polymer Sci., B: Polymer Letters **9** (1971) 11, S. 839–841.

II. Faserstoffe. Ausgangsstoffe usw.

Naturfaserstoffe

Pflanzliche Faserstoffe

LINRON ... die stabilisierte, reine Flachsfaser. British Knitting Ind. **45** (1972) 513, S. 34.

Gütekontrolle ... vom Flachsfaserwerk bis zum gestrickten Fertigerzeugnis. British Knitting Ind. **45** (1972) 513, S. 37.

Tierische Faserstoffe

Kantouch, A., Abdel Fattah, S. H.: Oxydation von Wolle mit Chlor und einigen Chlorverbindungen. Teil II. Chemische Veränderungen in chlorierter Wolle. Kolor. Ertesitö, Budapest (Kolor. Rdsch.) **14** (1972) 1/2, S. 2 bis 9

Caldwell, J. B., Millingen, B.: Die Stellen, an denen Wolle mit Formaldehyd reagiert. Textile Res. J. **42** (1972) 2, S. 122–125.

Reddie, R. N., Nicholis, C. H.: Reaktion von Formaldehyd mit Wolle. Einfluß der Formalisierung auf die Löslichkeit von Wolle. Makromol. Chemie **153** (1972) S. 153–163. (engl.).

Chemiefaserstoffe

Lewandowski, S. (Bearb.): Hauptsächliche Chemiefaserstoffe, die in Polen produziert werden. Technik włókienn. (Textiltechn.) **21** (1972) 2, S. 41 bis 42.

Lewandowski, St.: Schwerbrennbare und unbrennbare Chemiefasern. Technik włókienn. (Textiltechn.) **21** (1972) 2, S. 37–40.

Cellulose und Zellstoff

Brink, D. L., Pohlman, A. A.: Analyse von Holz und Zellstoff durch Fraktionierung in die Polysaccharidkomponenten. Tappi, New York **55** (1972) 3, S. 380–388.

Guthrie, J. D., Heinzelman, D. C.: Länge der Methylenbrücken in formalisierter Cellulose, bestimmt durch O-18-Markierung und andere Methoden. Textile Res. J. **41** (1971) 10, S. 807–812.

Harwood, V. D.: Untersuchungen über die Zellwandpolysaccharide von Pinus Radiata. I. Isolierung und Struktur eines Xylans. Svensk Papperstidn. **75** (1972) 6, S. 207–212.

Regeneratfaserstoffe

Pedro, A. A., Agranovskij, I. N., Aranovič, B. S., Peliks, A. A.: Wege zur Intensivierung der Arbeit von Elektroöfen zur Herstellung von Schwefelkohlenstoff aus festem, kohlenstoffhaltigem Material und Schwefel. Chim. Volokna (Chem. Fasern) (1972) 2, S. 65–67.

Roffael, E.: Über die Mahlbarkeit und Mercerisierbarkeit der Cellulose. Papier **26** (1972) 4, S. 173–179.

Virezub, A. I., Mogilevskij, E. M., Archangel'skij, D. N., Ginzberg, M. A.: Änderung des Gelteilchengehaltes während der mehrstufigen Viskosefiltration. Chim. Volokna (Chem. Fasern) (1972) 2, S. 61–63.

Archangel'skij, D. N., Dmitriev, V. A., Kuličichin, V. G., Virezub, A. I., Borik, A. G., Markov, V. V.: Verfahren zur Bestimmung der Viskosegüte. Chim. Volokna (Chem. Fasern) (1972) 2, S. 22–23.

Buschatz, H.: Laborspinnaparatur für Viskosefäden. Faserforsch. u. Textiltechnik **23** (1972) 6, S. 266–269.

Kól, M., Jančařík, V.: Anwendungsforschung für einige neue Typen von Viskosefasern und Mischungen mit natürlichen und synthetischen Fasern in der Textilindustrie. Chem. Vlákna, Svit (Chem. Fasern) **22** (1972) 1, S. 1–6.

Mackjavicjus, L., Lukosajtis, A., Kazakjavicjus, A.: Pneumatisches Verflechten der Elementarfäden von Acetattextilseide. Chim. Volokna (Chem. Fasern) (1972) 2, S. 72.

Synthetische Faserstoffe

Okada, A.: In Erscheinung tretende neue Faserstoffe. Japan Textile News (1972) 206, S. 32–35.

Shah, Y. T., Pearson, J. R. A.: Über die Stabilität des nichtisothermen Erspinnens. IEC. Ind. engng. Chem./Fundamentals **11** (1972) 2, S. 145 bis 149.

Shah, Y., Pearson, J. R. A.: Über die Stabilität des nichtisothermen Erspinnens – allgemeiner Fall. IEC. Ind. engng. Chem./Fundamentals **11** (1972) 2, S. 150–153.

Luca, E., Antoniu, G. H.: Die elektrostatische Aufladung einiger Polyesterfasern im Verarbeitungsprozeß. Ind. textilă, București **23** (1972) 3, S. 140 bis 144.

Nikonova, E. A., Pakšver, A. B.: Einfluß der Oberflächenbehandlung von Polyamidfäden auf ihre Reibungseigenschaften. Chim. Volokna (Chem. Fasern) (1972) 2, S. 44–46.

Riggert, K.: Die Herstellung von Nylon 6-Endlosgarn für technische Anwendungsgebiete – neue Perspektiven. Chemiefasern/Textilind. **22/74** (1972) 4, S. 317–320.

Polypropylen, durch Kaolinzusatz zur Spinnlösung färbbar gemacht. Mod. Textiles Mag. **52** (1971) 12, S. 22.

Sotton, M., Vialard, A. M.: Beitrag zur Untersuchung der Porenstruktur der Polyacrylnitrilfasern. Die Wirkung der Hitzebehandlungen. Textile Res. J. **41** (1971) 10, S. 834–840.

Cazzaro, G.: Die Herstellung von Acrylfaserstoff und ihre Entwicklung. Textilia, Milano **47** (1971) 11, S. 57–63.
Acrylperücke als modischer Massenbedarfsartikel. Japan Textile News (1972) 206, S. 94–95.

Künstliche mineralische Faserstoffe

Arons, G. N., Macnair, R. N.: Aktivierte Kohlenstoff-Faser und -Gewebe, hergestellt durch Pyrolyse und Aktivierung von phenolischen Ausgangsstoffen. Textile Res. J. **42** (1972) 1, S. 60–63.
Grafton, P. M.: Metallfasern in Textil- und Ingenieurtechnik. Melliand Textilber. internat. **53** (1972) 4, S. 363–366.

Ausgangsstoffe. Schaumstoffe. Kautschuk

Jinen, E., Suzuki, M.: Rißwachstum durch Ermüdung bei glasfaserverstärktem Polyamid 6. Kobunshi Kagaku, Tokyo (Chem. High Polymers) **28** (1971) 320 (12) S. 963–967. (engl. Zusammenfass.),

III. Fäden-Herstellungstechnologien

Spinnerei. Zwirnerei

Ungureanu, St.: Möglichkeiten einer Verbesserung der Berechnungsmethode der Arbeitsproduktivität in Spinnereien. Ind. textila, Bucureşti **23** (1972) 3, S. 145–152.
Sikora, B.: Verkürztes System zur Herstellung von Streichgarnen aus Abfällen, die Synthesefasern enthalten. Technik włókienn. (Textiltechn.) **21** (1972) 2, S. 42–47.

Spinnereivorbereitung

Kardenspezialisten diskutieren Füllschachtspeisung. Textile Ind. **136** (1972) 2, S. 48–49.
Rodehacke, K.: Die Kompaktkrempel in der Praxis. Chemiefasern/Textilind. **22/74** (1972) 4, S. 321–324.
Burlington baut Karderien mit ‚neuem Aussehen'. Textile World **122** (1972) 2, S. 77, 78.
Sripathi, R.: Einfluß der Flockeneigenschaften in der Öffnungskammer auf die Garneigenschaften. Textile Res. J. **41** (1971) 11, S. 905–910.
Sikora, B.: Vorbereitung von Fitzgarn zum Öffnen. Technik włókienn. (Textiltechn.) **21** (1972) 1, S. 6–9.

Spinnerei

Sevost'janov, A. G., Rabinovič, R. S.: Drehung des Garns bei seiner Bildung im Luftwirbel. Tekstil. Prom., Moskva (Textil-Ind.) **32** (1972) 2, S. 25–26.
Fortschritte in der Garnschrumpfung. Textilbetrieb **90** (1972) 4, S. 42–44.
Smalley, E. G.: Die Zukunft der Offen-End-Spinnerei. Ind. textile, Paris (1972) 1010, S. 201–204.
Erster Betriebsbericht: Self Twist-Spinnen. Textile World **122** (1972) 3, S. 69–70.
Neue Flammeneffekte bei Kammgarn-Ringspinnmaschinen. Chemiefasern/Textilind. **22/74** (1972) 3, S. 213.

Zwirnerei

Skoraczyński, Z.: Bedingungen des Zwirnens von synthetischem Cord auf der Direktzwirnmaschine PS 11. Przegl. włókienn. (Textil-Rdsch.) **26** (1972) 1, S. 22–25.

Erzeugnisse der Spinnerei und Zwirnerei

Behalte die Fadenherstellung aus geschnittener Folie im Auge. Textile World **122** (1972) 1, S. 37, 39.

Texturfäden

Brose, J.: Der Markt für texturierte Fäden in der EWG 1971. Chemiefasern/Textiling. **22/74** (1972) 4, S. 278–279.
Vielversprechende Zukunft des Spinntexturierens. Japan Textile News (1972) 206, S. 95.
Ward, D.: Englischer Tuftteppichproduzent beginnt eigenes Strecktexturieren. Mod. Textiles Mag. **53** (1972) 1, S. 51.

Sonstige Fäden

Naegeli, W.: Das Pavena-Verfahren – Konzeption und Technik. Chemiefasern/Textilind. **22/74** (1972) 4, S. 308–316.

IV. Flächengebilde-Herstellungstechnologien

Seidel, L. E.: Wohnungstextilien – ein großer Markt wird noch größer. Textile Ind. **136** (1972) 1, S. 35–50, 52–56, 58.

Materialvorbereitung

Greene, N. E.: Die Entwicklung der Spannung von Glasfäden in textilen Aufmachungseinheiten (Spulen). Textile Res. J. **41** (1971) 12, S. 991–998.
Liute, D.: Theoretische Betrachtungen über den Druck, ausgeübt durch die Wicklungsschichten auf Spulen mit unregelmäßiger Kreuzwicklung. Ind. textilă, Bucureşti **23** (1972) 3, S. 153–157.
Exbrayat, P. E., Schutz, R. A.: Prüfung der Zustandsänderung von Schlichten. Ind. textile, Paris (1972) 1010, S. 239–240.

Weberei

Giršgorn, M. S.: Die neue Technik in der Seidenweberei. Tekstil. Prom., Moskva (Textil-Ind.) **32** (1972) 2, S. 33–37.
Hughes, O.: Das Weben nahtloser Sandsäcke. Textile Ind. **135** (1971) 12, S. 51, 53–55.

Weberei-Technologie

Götz, H.: Der Harnischverschleiß kein Problem mehr. Textilbetrieb **90** (1972) 4, S. 55–57.

Erzeugnisse der Weberei

Abbott, G. M., Ellis, B. C.: Stretchpotential von Kammgarngeweben. Textile Ind. **136** (1972) 2, S. 51–52.
Jederán, M.: Die technologische Einstellung der Webmaschine auf Grund der Gewebe- und Garneigenschaften. Melliand Textilber. internat. **53** (1972) 4, S. 384–388.
Der Trend zu gesponnenen Teppichgarnen. Chemiefasern/Textilind. **22/74** (1972) 3, S. 171.
Haase, A.: Fasern und Garne für Textilbeläge in voller Entfaltung. Boden, Wand, Decke **18** (1972) 4, S. 75–78, 80–81.

Wirkerei und Strickerei. Konfektion. Sonstige Technologien

Wheatley, B.: Herstellung von Oberbekleidungsstoffen aus Kettenwirk- und Raschelmaschinen. Teil 2. Knitting Times **40** (1971) 53, S. 64–70.
von Lehn, S. E.: Wie man Herren- und Damenbekleidung aus Rundgestrick und Kettengewirke näht. Knitting Times **40** (1971) 53, S. 71–72.
Wheatley, B.: Herstellung von Oberbekleidung auf Raschel- und Kettenwirkmaschinen. Teil 1. Knitting Times **40** (1971) 49, S. 56–61.

Wirkerei- und Strickerei-Technologie

Reichman, Ch.: Neuentwicklungen bei Meterwarenmaschinen. Knitting Times **40** (1971) 49, S. 47–51.
Stricken vom Gatter mit automatischem Abstellen und Anlassen. Hosiery Trade J. **79** (1972) 938, S. 116–117.
Munsey, R.: Das neue Mustervorbereitungssystem von Dubied für R/R-Großrundstrickmaschinen für Doppeljersey. British Knitting Ind. **45** (1972) 512, S. 58–60, 62–63.
Henne, H., Steinlein, J.: Probleme des Hochfrequenzschweißens an Maschenwaren aus Polyamid 6. Melliand Textilber. internat. **52** (1972) 4, S. 421 bis 424.
Olding, M. F.: Die ökonomischen Aspekte des Strickens und Wirkens. Ind. textile, Paris (1972) 1010, S. 227–229.
Weber, K.-P.: Die Wirkerei und Strickerei. Technologische und bindungstechnische Grundlagen. Melliand Textilber. internat. **53** (1972) 4, S. 424 bis 425.
Bönisch, E.: Entwicklungen in der Kettenwirkerei. Melliand Textilber. internat. **53** (1972) 4, S. 406–409.
Zaar, J.: Planung eines Kettenwirkereibetriebes. Melliand Textilber. internat. **53** (1972) 4, S. 410–419.
Gespinste: Superstern der Kettenwirkerei? Textile World **122** (1972) 3, S. 43–44, 47–48, 51–52, 55–56, 59–60, 63–64.
Maschinenbauer sagen ihre Meinung. Hosiery Trade J. **79** (1972) 939, S. 60 bis 64.
Dutton, W. A.: Beiträge der Hosiery Research Association zu einer fortschrittlichen Technologie in der Wirkerei und Strickerei. British Knitting Ind. **45** (1972) 512, S. 47, 49.
Korliński, W.: Gesamt-Lineargeschwindigkeit des Wirkens und Strickens als technischer Universal-Kennwert von Wirk- und Strickmaschinen. Przegl. włokienn. (Textil-Rdsch.) **26** (1972) 1, S. 25–27.

Erzeugnisse der Wirkerei und Strickerei

Kappov, V. E., Šalov, I. I.: Einfluß der mechanischen Eigenschaften des Fadens auf die Dehnbarkeit von Maschentextilien. Mitt. 2. Izv. vysšich uč. Zav. Technol. legkoj Prom. (Hochschulnachr. Technol. Leichtind.) (1972) 1, S. 32–35.
Mateescu, M., Budulan, R.: Theoretische Betrachtungen über die Maßstabilität von Strickwaren. Ind. textilă, Bucureşti **23** (1972) 3, S. 158–169.
Double Dacron über das Wollmischsystem ist Du Pont Formel für Herren-Jerseystoff. British Knitting Ind. 45 (1972) 512, S. 71–73.
Müller, E.: Optimale Kettelleistung durch gezielten Einsatz unterschiedlicher Kettelmaschinentypen und Verwendung verschiedener Zusatzgeräte. Wirk.- u. Strick.-Technik **27** (1972) 5, S. 323–329.

Konfektion

Nikolov, Angel: Für eine effektivere Verwendung der Gewebe in der Konfektionsindustrie. Tekstil. Prom., Sofija (Textil-Ind.) **21** (1972) 2, S. 86–91.

Textilverbundstoffe

Vliesstoffe aus nichtgesponnenen Materialien oder Verbundstoffe aus Fäden? Ind. textile, Paris (1972) 1010, S. 211–212.
Lünenschloß, J., Janitza, J.: Der Einfluß verschiedener Nadelformen auf die Größe der Nadeleinstichkräfte und die Eigenschaften der Nadelfilze. Melliand Textilber. internat. **53** (1972) 4, S. 395–400.
Boughty, J. C.: Das technische Verfahren des hohen Verhältnisses für das Stricken von Stückware und Kleidungsstücken. British Knitting Ind. **45** (1972) 513, S. 41–44.

Faserverbundstoffe. Vliesstoffe

Sengupta, A. K., Majumdar, A.: Eine Studie über mit Xanthat gebundene Vliesstoffe. Textile Res. J. **41** (1971) 12, S. 956–961.
Brouard, D.: Die französische Herstellungsweise von Verbundstoffen. Ind. textile, Paris (1972) 1010, S. 209–211.
Jedrzejewski, W., Polus, Z.: Prozeß des Auftragens von thermoplastischen Pulvern auf Vliesstoffe und eingesetzte Vorrichtungen. Technik włokienn. (Textiltechn.) **21** (1972) 1, S. 29–32.

Fadenverbundstoffe

Die „Vernier-Satellite"-Maschine. Ind. textile, Paris (1972) 1010, S. 219 bis 220.

Schichtstoffe

Montgomery, V.: Fachmann „konstruiert" kommerziellen Teppich. Mod. Textiles Mag. **53** (1972) 1, S. 42, 44. 4 Abb.

V. Textilveredlung

Wie wird heute ausgerüstet? Textilbetrieb **90** (1972) 4, S. 58–61.
Frenzel, H., Wiedemann, G.: Zur Veredlung von Textilglaserzeugnissen für Raumtextilien. Wiss. Z. Techn. Univ. Dresden **20** (1971) 3, S. 747–749.
Brockman, A. L. S.: Lösungsmittel für Herstellung und Ausrüstung. Textile J. Australia **47** (1972) 2, S. 40, 48.

Farbstoffe. Textilhilfsmittel

Dähne, S.: Walter König – Wegbereiter der modernen Farbstofftheorie. Wiss. Z. Techn. Univ. Dresden **20** (1971) 3, S. 671–677.
von Hornuff, G.: Farbenchemie – Textilchemie – Anwendungstechnik. Wiss. Z. Techn. Univ. Dresden **20** (1971) 3, S. 667–670.
Hall, D. M., Perkins, W. S.: Praktische Methoden zur Reindarstellung von anionischen Farbstoffen aus ihren Natrium-, Kalium- und Lithiumsalzen. Textile Res. J. **41** (1971) 11, S. 923–927.
Castelino, R. W., Hallas, G., Taylor, D. C.: Sterische und elektrische Effekte bei basischen Farbstoffen. III. Elektronenabsorptionsspektren von Michlers Hydrolblau, Malachitgrün und Kristallviolett. J. Soc. Dyers Colourists **88** (1972) 1, S. 25–27.
Sladik, V.: Einige Bemerkungen über die Stabilität der Dispersionsfarbstoffe in Lösung. Wiss. Z. Techn. Univ. Dresden **20** (1971) 3, S. 715–718.
Gansel, L., Detelj-Čunko, R.: Untersuchungen an Verdickungsmitteln für den Thermosolprozeß. Wiss. Z. Techn. Univ. Dresden **20** (1971) 3, S. 707–714.

Bleicherei. Sonstige Vorbehandlungsarbeiten der Textilveredlung

Gajda, J.: Moderne Verfahren zum Bleichen von Maschentextilien. Technik włókienn. (Textiltechn.) **21** (1972) 1, S. 23–29.
Tischbein, C.: Universaldämpfer. Melliand Textilber. internat. **53** (1972) 4, S. 438–440.
Einstufen-Entschlichten/Waschen/Bleichen. Textile Ind. **135** (1971) 12, S. 92.
Übersicht über Spannrahmen für Maschentextilien. Knitting Times **40** (1971) 53, S. 47–53.

Färberei

Lewis, D. M., Seltzer, I.: Partieweises Klotzfärben von Wolle. Textile J. Australia **47** (1972), 2 S. 24–26, 50.
Asquith, R. S.: Kaltfärbemethoden für Wolle und ihr Mechanismus. Wiss. Z. Techn. Univ. Dresden **20** (1971) 3, S. 685–692.
Richter, P.: Die Beeinflussung der Dispersionsstabilität von Dispersionsfarbstoffen beim Färben von Polyesterfasern. Chemiefasern/Textilind. **22/74** (1972) 4, S. 296.
von Hornuff, G., Hirsch, G., Schiffner, R.: Die Lichtechtheit der mit kationischen Farbstoffen gefärbten Polyacrylnitrilfaserstoffe in Abhängigkeit von der Copolymerzusammensetzung und den Erspinnungsbedingungen. Faserforsch. u. Textiltechnik **23** (1972) 5, S. 212–219.
Pilz, G.: Spinnen und Spulen für die Kreuzspulfärberei. Textilbetrieb **90** (1972) 4, S. 45–49.
Müller, J.: Das Sancowad-Verfahren von Sandoz Chemiefasern/Textilind. **22/74** (1972) 4, S. 298, 301.
Olley, M. J.: Färben von Strumpfwaren in den 70er Jahren. British Knitting Ind. **45** (1972) 513, S. 59, 61.
Al'ter-Pesockij, F. L., Artemova, L. A., Uchankov, V. G.: Einige Vorzüge der Vakuumtechnologie bei der Behandlung von Textilien auf Garnkörpern. Tekstil. Prom., Moskva (Textil-Ind.) **32** (1972) 2, S. 50–51.
Filippov, A. N., Krjučkova, V. K., Nepomnjaščij, V. E., Junusova, L. A.: Neues beim Färben von Gewirken und Gestricken mit Diazo-Direktfarbstoffen. Tekstil. Prom., Moskva (Textil-Ind.) **32** (1972) 2, S. 52–53.
Brown, T. D.: Stückfärberei von waschbaren wollenen Doppeljerseystoffen. Hosiery Trade J. **79** (1972) 938, S. 128–130, 132.

Druckerei

Rotationsdruck im Vorgehen zur Beherrschung des Textildrucks. Textile World **122** (1972) 2, S. 36, 39, 42, 44, 44–49.
D'Alessandro, V.: Bedrucken von Polyesterfaserstoffen auf neuesten Stand gebracht. Mod. Textiles Mag. **53** (1972) 2, S. 33–35.
Akiyama, J.: Technisches Verfahren des Bedruckens von Maschentextilien aus Polyacrylnitrilfaserstoffen. Japan Textile News (1971) 204, S. 68–71.

Ausrüstung. Trocknung

Wagner, I., Luchian, A., Gheorghe, A.: Der Einfluß der verschiedenen Arbeitsgänge beim Dekatieren auf die Eigenschaften der Wollgewebe. Ind. textilă, București **23** (1972) 3, S. 170–178.
Roberts, E. J., Rowland, S. P.: Ionenwechsel und Komplexeigenschaften von Baumwollgeweben, die ein Äthylenimin-Netzwerkpolymer, gebildet in situ, enthalten. Textile Res. J. **41** (1971) 10, S. 864–866.
Nasr, H. I.: Oberflächenmodifikation durch strahlenchemische Behandlungen. Textile Res. J. **41** (1971) 10, S. 859.
Reddie, R. N., Nicholis, C. H.: Einige Reaktionen zwischen Wolle und Formaldehyd. Textile Res. J. **41** (1971) 10, S. 841–852.
Suchecki, St. M.: Energiearme Strahlung – ein Weg zur Oberflächenmodifizierung. Textile Ind. **135** (1971) 12, S. 74–76, 78, 80.
Kokta, B. V., Lepoutre, P., Valade, J. L.: Thermisches Verhalten von Cellulosepfropfcopolymeren. I. Charakterisierung von Cellulosepfropfcopolymeren und Cellulose/Polymer-Mischungen mittels Thermogravimetrie im Vergleich zur IR-Spektroskopie. Tappi, New York **55** (1972) 3, S. 370 bis 374.
Eichmanns, H.: Bondiertechniken und ihre Bedeutung. Melliand Textilber. internat. **53** (1972) **4**, S. 448–453.
van Krevelen, D. W.: Neue Entwicklungen auf dem Gebiet von flammfesten Faserstoffen. Angew. makromol. Chemie, Basel **22** (1972) S. 133–157. (engl.).

Wäscherei. Chemische Reinigung

Schedwill, F., Chabrand, A.: Das Waschen von textiler Ware. Textilbetrieb **90** (1972) 4, S. 64–70.
Roiha, E.: Waschen und Fertigstellen von Mischgeweben. Textilreinigung **19** (1972) 4, S. 104–109.
Grimm, H., Jacobasch, H.-J., Grosse, I., Ferse, A.: Über Oberflächeneigenschaften von Faserstoffen bezüglich des Anschmutz- und Waschverhaltens. Wiss. Z. Techn. Univ. Dresden. **20** (1971) 3, S. 739–742.
Waschschleudermaschinen PAC 100 und PAC 180. Textilreinigung **19** (1972) 4, S. 122–124.
Held, G.: Erfahrungen mit dem Waschen unter Druck. Chemischreiniger/Wäscher/Färber-Ztg. **71** (1972) 3, S. 104, 106, 108.
Wondrak, W.: Entwicklungstendenzen der Chemischreinigung. III. Textilreinigung **19** (1972) 4, S. 101–103.

VI. Werkstoffprüfung. Meß- und Prüftechnik. Standardisierung

Eigenschaften und Fehler der Textilmaterialien u. a.

El-Behery, H. M., Batavia, D. H.: Einfluß des Anfangs-E-Moduls von Fasern auf ihr Wanderungsverhalten in Garnen. Textile Res. J. **41** (1971) 10, S. 812–820.
Hoffmann, M., Jansa, J.: Verwendung von Rechenanlagen bei der Auswertung viskoseelastischer Eigenschaften von Textilfasern. Melliand Textilber. internat. **53** (1972) 4, S. 371–374.
Halboth, H., Heidemann, G.: Verwendung von Alpaca für den Vergleich der Kleinwinkel-Röntgenbeugungsdiagramme mit den mechanischen Eigenschaften von α-Keratinfasern. Textile Res. J. **41** (1971) 10, S. 860–861.
Miller, B., Goswami, B. C.: Einflüsse konstruktiver Faktoren auf die Brenngeschwindigkeiten textiler Strukturen. Teil I. Gewebe aus Thermoplasten. Textile Res. J. **41** (1971) 12, S. 949–955.
Vasil'ev, M. P., Stalevič, A. M., Vol'f, L. A., Koteckij, V. V., Lazaridi, K. Ch.: Thermomechanische Untersuchungen der Eigenschaften von Kollagen-Spinnfasern. Izv. vysšich uč. Zav. Technol. legkoj Prom. (Hochschulnachr. Technol. Leichtind.) (1972) 1, S. 36–39.

Nakamura, Y., Matsukawa, S.: Über das Benetzungsverhalten und die Oberflächenstruktur von Wollfasern. Textile Res. J. **41** (1972) 12, S. 1001 bis 1002.
Towery, J. D.: Einfluß der Natronlauge-Quellung auf Baumwolle, die durch Korona-Entladungen behandelt wurde. Textile Res. J. **41** (1971) 10, S. 856 bis 857.
Obrjadčikova, K. N., Kovriga, V. V.: Untersuchung der Festigkeitseigenschaften von Polymerfolien beim kontinuierlichen Weiterreißversuch. Mech. Polimerov, Riga (Mech. der Polymeren) (1972) 2, S. 257–261.
Vil'ček, M. I.: Einige Versuchsergebnisse betreffs der Spannungsverteilung am Ende eines Monofils. Mech. Polimerov, Riga (Mech. der Polymeren) (1972) 2, S. 262–266.
James, J. F. P., Bow, M. R.: In verschiedenen Laboratorien durchgeführte Untersuchungen über den Einfluß von Waschmitteln auf die Air-flow-Feinheit von Rohwolle. Ann. sci. textiles belges **20** (1972) 1, S. 61–69. (engl.).

Meß- und Prüftechnik

Neuere Entwicklung der Meß- und Regelgeräte für den chemischen Betrieb. Teil 2. Chemie-Ing. Technik **44** (1972) 7, S. 469–476.
Wakelyn, P. J.: Die Allwörden-Reaktion an Wolle, die Koronaentladungen unterworfen wurde. Textile Res. J. **42** (1972) 1, S. 67–69.
Becker, O.: Praktische Hinweise zur Auswertung von Meßergebnissen. Textilbetrieb **90** (1972) **4**, S. 50–54.
Findeisen, D.: Zur Entwicklung der Werkstoffprüfmaschinen. Materialprüfung **14** (1972) 4, S. 129–133.
Backer, St., Batra, S.: Über die Mechanik der Bikomponentenfasern. Textile Res. J. **41** (1971) 12, S. 1008–1011.
Eigenmann, G.: Anwendung farbmetrischer Methoden in der Farbstoff-Qualitätskontrolle: Die RST-Transformation. Textilveredlung, Weinfelden/Schweiz. **7** (1972) 1, S. 3–19.
Georgiev, G.: Verfahren zur Beurteilung des technischen Niveaus der Gewebe. Tekstil. Prom., Sofija (Textil-Ind.) **21** (1972) 2, S. 97–102.
Achwal, W. B., Narkar, A. K.: Die Bestimmung optischer Aufheller auf Baumwolle mittels Cadoxen als Lösungsmittel. Textilveredlung, Weinfelden/Schweiz **7** (1972) 1, S. 19–24.
Vokac, H., Køpke, V., Keül, P.: Einfluß der Abkühlung äußerer Körperteile auf das allgemeine Wärmegefühl. Textile **Res. J. 41** (1971) 10, S. 827 bis 833.
Samson, A.: Die Kompression durch den Druck einer Flüssigkeit und die Durchlässigkeit von Wollfaseranordnungen. Textile Res. J. **41** (1971) 12, S. 961–974.
Moxhet, Ch., Brach, J.: Chromatographische Trennung von auf Wolle fixierten Schmälzmitteln. Ann. sci. textiles belges **20** (1972) 1, S. 39–60.
Für die Bestimmung der Feinheit und Reife von Baumwollfasern. Ind. textile, Paris (1972) 1010, S. 200.
Vokac, Z., Køpke, V., Keül, P.: Bestimmung von Eigenschaften und Tragekomfort skandinavischer Skibekleidung durch Tragversuche. Textile Res. J. **42** (1972) 2, S. 125–134.

Standardisierung. Terminologie

Buck, G. S.: Entflammbarkeitsstandards können nicht ignoriert werden. Textile Ind. **136** (1972) 1, S. 88, 90, 93–94.
Textilien einheitlich kennzeichnen. VDI-Nachr. **26** (1972) 13, S. 23.
„Faser-Code" zur Textilkennzeichnung. VDI-Nachr. **26** (1972) 20, S. 19.

VII. Betriebstechnik. Ökonomie. Tagungsberichte und dgl.. Sonderfragen

Betriebstechnik

Cann, H. A.: Überwachen von Maschinen durch Computer. Textile Manuf. **99** (1972) 1164, S. 29, 31–33.
Lasek, W.: Synthetische Lederaustauschstoffe für Schuhe als ein neuer Werkstoff für die Schuhindustrie. Polimery, Warszawa **16** (1971) 12, S. 572–576.
Rüb, F.: Bereitstellung von Hochdruckdampf durch Schnelldampferzeuger und Elektrokessel. Chemiefasern/Textilind. **22/74** (1972) **4**, S. 328–332.
Fabriklärm: Eine Aufgabe für den Maschinenkonstrukteur. British Knitting Ind. **45** (1972) 512, S. 63, 66.
Bittner, G.: Explosionsschutz von elektrischen Betriebsmitteln – Allgemeine Übersicht. ATM Arch. techn. Messen ind. Meßtechnik **431** (1971) 12, S. 241–242.
Apple, J. M.: Analysierung von Materialtransportproblemen. Teil 6. Textile Ind. **136** (1972) 1, S. 61–63.
Heylin, M.: Stahl-Radialgürtelreifen werden zunehmen. Chem. engng. News **50** (1972) 15, S. 9–10.

Ökonomie

Ursu, A.: Leitungstechnik: Bestimmung der „Produktivitätseinheit". Knitting Times **41** (1972) 1, S. 56–60.
Adamski, P.: Gegenwärtiger Stand der Plastproduktion in Polen und die Entwicklungsperspektiven bis 1975. Polimery, Warszawa **16** (1971) 12, S. 543–546.
Voraussage von steigendem Wachstum für Polyurethane. Chem. engng. News **50** (1972) 8, S. 10–11.
Dardis, R., Langford, A.: Konzentration in der Textilindustrie der Vereinigten Staaten. Textile Res. J. **42** (1972) 1, S. 70–75.
Japanische Chemiefirmen sind von Rezession betroffen. Chem. engng. News **50** (1972) 13, S. 12–17.
Endverbrauch von Textilfaserstoffen. Textile Organon **42** (1971) 11, S. 161 bis 184.

Sonderfragen

Bottler, J.: Die Gestaltung des Informationsflusses in der Unternehmung unter ganzheitlicher Betrachtungsweise – am Beispiel der Strickerei-/Wirkereiunternehmungen . Melliand Textilber. internat. **53** (1972) 4, S. 430–437.
Ceglarska, L., Jaworska, W.: Prophylaktische Strümpfe mit einem Anteil an Elastomerfasern Spandex. Technik włókienn. (Textiltechn.) **21** (1972) 1, S. 18–23.
Smith, D. B.: Der Ausbildungs-Ausschuß: ein Fortschrittsbericht und eine Aufzeichnung der künftigen Ziele. British Knitting Ind. **45** (1972) 512, S. 41, 44–45.
Goldberg, J. B.: Leistungen der Textilforschung 1971. Teil I. Textile Ind. **136** (1972) 2, S. 42–47.

FSC
www.fsc.org
MIX
Papier | Fördert
gute Waldnutzung
FSC® C083411

Zeitfracht Medien GmbH
Ferdinand-Jühlke-Straße 7
99095 Erfurt, Deutschland
produktsicherheit@kolibri360.de